Arduino

自动小车 最佳入门与应用

打造轮型机器人轻松学

杨明丰 著

清华大学出版社

北 京

内 容 简 介

本书除了介绍软硬件知识与所需基本电路原理外，还涵盖大多数机器人自动小车的控制范例，如使用红外线循迹模块、RFID模块、超音波模块、红外线遥控器、十字摇杆模块等，并通过红外线、RF、XBee、蓝牙、Wi-Fi等无线通信控制机器人自动小车，另附有组装参考解说，是非常全面的实战经典。

本书是为对自动机器人感兴趣，却苦于没有足够知识、经验与技术开发设计的读者编写的。

本书为基峰资讯股份有限公司授权出版发行的中文简体字版本

北京市版权局著作权合同登记号 图字：01-2016-8562

本书封面贴有清华大学出版社防伪标签，无标签者不得销售。

图书在版编目（CIP）数据

Arduino自动小车最佳入门与应用：打造轮型机器人轻松学 / 杨明丰著. — 北京：清华大学出版社，2017（2024.8重印）
ISBN 978-7-302-46836-3

I. ①A… II. ①杨… III. ①专用机器人 IV.①TP242.3

中国版本图书馆CIP数据核字（2017）第064129号

责任编辑：夏毓彦
封面设计：王 翔
责任校对：闫秀华
责任印制：宋 林

出版发行：清华大学出版社
　　　　网　　址：https://www.tup.com.cn，https://www.wqxuetang.com
　　　　地　　址：北京清华大学学研大厦A座　　　　　　邮　　编：100084
　　　　社 总 机：010-83470000　　　　　　　　　　　邮　　购：010-62786544
　　　　投稿与读者服务：010-62776969，c-service@tup.tsinghua.edu.cn
　　　　质量反馈：010-62772015，zhiliang@tup.tsinghua.edu.cn
印 装 者：天津鑫丰华印务有限公司
经　　销：全国新华书店
开　　本：170mm×230mm　　　　印 张：17　　　　　　字　　数：439千字
版　　次：2017年5月第1版　　　　　　　　　　　　印　　次：2024年8月第9次印刷
定　　价：69.00元

产品编号：070648-01

序

PREFACE

在英、美、日、德等工业发达的国家中，工业型机器人（Robot）早已成为自动化生产的主角。除了工业型机器人外，服务型机器人也开始应用于国防、救灾、医疗、运输、农用、建筑等领域。机器人是集机械、电子、电机、控制、计算机、传感、人工智能等多种先进科学技术的产品。随着机器人工业的兴起，对于程序设计、嵌入系统、材料零部件、机电集成等研发人才的需求也与日俱增。

机器人的运动方式大致上可以分为轮型机器人和足型机器人两种。轮型机器人具有快速移动的优点，而足型机器人具有机动性、可步行于危险环境、跨越障碍物以及可上下台阶等优点。本书主要介绍轮型自动机器人（后面简称为自动机器人）的制作技术。几十年前要制作一台自动机器人，不但技术复杂而且价格昂贵，随着开放源码（open-source）Arduino 的出现，在软件方面已内建了多样化的函数，以此简化了周边部件的底层控制程序，硬件方面也有多样化的周边模块可供选择。另外，网络上也提供了相当丰富的共享资源，让没有电子、信息相关专业背景的人也可以快速又简单地制作一台 Arduino 自动机器人。

本书为谁而写

《Arduino 自动小车最佳入门与应用》是为一些对自动机器人感兴趣，却又苦于没有足够知识、经验与技术能力去开发设计的读者而编写的。通过本书浅显易懂的图文解说，读者只要按图施工，就能保证成功。

本书如何编排

本书内容已经涵盖了大多数自动机器人的控制范例，如使用红外线循迹模块、RFID 模块、超声波模块、红外线遥控器、十字游戏杆模块等，并且通过红外线、RF、XBee、蓝牙、Wi-Fi 等无线通信来建立连接，以便控制自动机器人。本书中每一章所需的软、硬件知识和相关技术都有详细的图文解说，读者可根据自己的喜好自行安排阅读顺序并轻松组装完成具有个人特色的 Arduino 自动机器人。

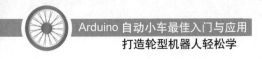

第 1 章 Arduino 快速入门：快速引领读者认识 Arduino 硬件和软件的相关知识，并介绍 Arduino 开发环境的建立和使用。另外，提供了 Arduino 语言的语句、语法以及常用内部函数的说明，以方便读者随时查阅。如果要进一步了解详情，可到官方网站 arduino.cc 上阅读。

第 2 章 基本电路原理：本章主要是针对从未学过电子、信息等相关知识的初学者而编写的。内容包含电的基本概念、数字系统等电学理论基础，并且介绍基本手动工具和万用电表的使用方法。如果读者已经熟悉，可以直接跳过本章。

第 3 章 自动机器人实习：认识与使用自动机器人所需的 Arduino 板、马达驱动模块、马达部件、电源电路、周边扩展板等模块，以及如何制作一台自动机器人，如何利用 Arduino 板来控制自动机器人执行前进、后退、右转、左转、停止等行走动作。本章是后面各章的基础，读者有必要详细阅读。

第 4 章 红外线循迹自动机器人实习：认识与使用红外线循迹模块 CNY70 和 TCRT5000，并且利用红外线循迹模块 TCRT5000 来控制自动机器人自动行走在黑色或白色轨道上。

第 5 章 红外线遥控自动机器人实习：认识与使用红外线遥控器和 38kHz、940nm 红外线接收模块，并且利用红外线遥控器控制 "红外线遥控自动机器人" 的前进、后退、右转、左转以及停止等行走动作。

第 6 章 手机蓝牙遥控自动机器人实习：认识与使用 Android 手机蓝牙模块和 HC-05 蓝牙模块，并且利用手机蓝牙来控制 "蓝牙遥控自动机器人" 的前进、后退、右转、左转及停止等行走动作。

第 7 章 RF 遥控自动机器人实习：认识与使用 RF 模块，并且使用 VirtualWire 函数库进行 RF 无线通信。通过十字游戏杆的按压方向，远程控制 "RF 遥控自动机器人" 执行前进、后退、右转、左转及停止等行走动作。

第 8 章 XBee 遥控自动机器人实习：认识与使用 XBee 模块，并且使用 XBee 模块进行无线通信。通过十字游戏杆的按压方向，远程控制 "XBee 遥控自动机器人" 执行前进、后退、右转、左转及停止等行走动作。

第 9 章 加速度计遥控自动机器人实习：本章可分为两部分，第一部分通过 MMA7260 加速度计模块的重力变化，使用 XBee 模块进行无线通信，远程控制 "XBee 遥控自动机器人" 执行前进、后退、右转、左转及停止等行走动作；第二部分通过手机加速度计的手势控制，使用蓝牙模块进行无线通信，远程控制 "蓝牙遥控自动机器人" 执行前进、后退、右转、左转及停止等行走动作。

第 10 章 超声波避障自动机器人实习：认识与使用 PING)))™ 超声波模块及伺服马达，并且利用伺服马达转动超声波模块检测自动机器人右方（45°）、前方（90°）和左方（135°）3 个方向的障碍物距离。通过 Arduino 板的判断，选择一

条不会碰撞到任何障碍物的安全路线前进。

第 11 章 RFID 导航自动机器人实习：认识与使用 RFID 模块，并且利用 RFID 读取器读取 RFID 标签控制码，控制自动机器人执行前进、后退、右转、左转及停止等行走动作。

第 12 章 Wi-Fi 遥控自动机器人实习：认识与使用 Wi-Fi 模块和 HTML 网页设计，通过手机或计算机网页控制，利用 Wi-Fi 模块进行无线通信，远程控制"Wi-Fi 遥控自动机器人"执行前进、后退、右转、左转及停止等行走动作。

本书特色

学习最容易：Arduino 公司提供了免费的 Arduino IDE 开发软件，内建了多样化的函数，因而简化了周边部件的底层控制程序。本书使用开放式架构的自动机器人车体，电路不预制于印刷电路板（Printed Circuit Board，PCB）车体中，创意不受限制。读者可以根据自己的喜好，使用市售或自制的各种传感器模块快速、轻松地组装出具有创意的自动机器人。

学习花费少：Arduino 自动机器人与乐高机器人所使用的控制器和周边模块相比较，在功能性和灵活度上毫不逊色，而且可以使用最少的花费实现更多功能。

学习资源多：Arduino IDE 提供了多样化的范例程序，不但在官方网站上可以找到多元的技术支持资料，而且网络上也提供了相当丰富的共享资源。另外，硬件开发商也提供了多样化的周边模块可供选择，或者直接向本书合作厂商——慧手科技有限公司购买自动机器人的开发工具包。

内容多样化：本书内容涵盖了大多数自动机器人的控制范例，例如红外线循迹自动机器人、红外线遥控自动机器人、RF 遥控自动机器人、XBee 遥控自动机器人、手机蓝牙遥控自动机器人、手机加速度计遥控自动机器人、超声波避障自动机器人、RFID 导航自动机器人、Wi-Fi 遥控自动机器人等。另外，只要稍加修改本书的自动机器人范例，就可以轻松完成其他有趣又好玩的自动机器人，例如温控自动机器人、声控自动机器人、光控自动机器人、竞速自动机器人、相扑自动机器人、负重自动机器人等。

商标声明

Arduino 是 Arduino 公司的注册商标。

ATmega 是 ATMEL 公司的注册商标。

Fritzing 是 FRITZING 公司的注册商标。

除了上述商标和名称外，其他本书所提及的商标和名称均为该公司的注册商标。

本书的学习资源

本书的程序范例可以从提供下载的"ino(范例程序)"文件夹中找到，可以直接用 Arduino IDE 打开这些范例程序，并且将文件上传至 Arduino 控制板中，之后就可以正确执行范例程序设计的功能了。各章所需的外接函数库也可以从下载的"func(外接函数库)"文件夹中找到，必须将它们解压缩并且存入 Arduino/libraries 文件夹中才能使用。

资源下载

本书配套的范例程序、外接函数库和附录内容，需要用微信扫描右侧二维码获取，可以按扫描出来的页面提示，把链接转发到自己邮箱中下载。

如果下载有问题，请发送电子邮件至 booksaga@163.com 进行咨询，邮件主题设置为"Arduino 自动小车配套资源"。

致谢

本书能够顺利完成，要感谢基峰信息公司的企划与协调，以及慧手科技有限公司的协助与全力配合，他们开发了书中各种自动机器人所需的部件与模块。期盼通过本书的学习，能让读者快快乐乐、轻轻松松地制作出一台属于自己的自动小车！

杨明丰

改编者序

　　作为英特尔（Intel）公司曾经的平台工程师、技术市场经理和资深架构师，在学习和改编本书的过程中由衷地感受到了 Arduino 这款开源电子原型创意和开发平台的魅力，Arduino 具有轻灵、便捷、弹性、功能丰富和软硬件完全开源的特性，本书的作者将这些特性淋漓尽致地运用到了基于 Arduino 的各种轮型自动机器人的制作中。

　　本书虽然涉及 Arduino 的硬件部分（各种型号的 Arduino 板）和软件部分（Arduino IDE：集成开发环境），但是它们并不是本书的重点。作者把重点放在了适合更多人群的专题上——把 Arduino 的优势运用在自动机器人的制作中。利用 Arduino 软硬件的良好结合，组装不同的传感器模块来感知周边环境，配备不同的遥控模块来远程遥控自动机器人，配备了行走策略程序的自动机器人，把接收到的遥控指令和传感器感测的数据作为输入，在自己的微处理器中执行行走策略程序，智能判断出行走的策略，而后控制马达的转向和转速来执行各种不同行走的动作。全书介绍了 9 种自动机器人的详细制作过程，所需的操控软件都以范例程序（含源代码）的方式提供给读者，硬件也是市面上可以买到的常规部件，通过本书的学习，读者除了可以根据书中的步骤组装出 9 种自动机器人，还可以根据自己的创意衍生和创造出自己喜好的更多自动机器人。

　　如果读者的兴趣只是使用 Arduino 制作机器人，那么本书的内容已经涵盖了。如果读者想通过学习制作机器人的过程进入 Arduino 开发的大门，本书作为入门的学习课程也是非常好的选择。因为 Arduino 作为全球最流行的开源软硬件开发平台之一，发展非常迅速，所以越来越多的专业电子产品的软硬件开发者已经开始使用 Arduino 来开发他们的项目和产品，Arduino 已经广泛应用于智能玩具（含机器人）、智能设备、电子消费类产品，甚至是物联网等开发领域；在很多大学的计算机、通信、自动化控制等专业，甚至是在国外的一些艺术专业，也纷纷开展了 Arduino 相关的课程。

　　"Arduino 软件 + 硬件"具有以下特点。

　　适用面广：开发环境支持 Windows、Macintosh OS X、Linux 三大主流操作系统。

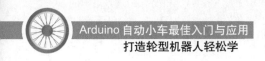

简单易学：机器人的爱好者不需要太多单片机的基础和软件的编程基础，只要简单学习就可以迅速掌握，可以把自己的精力留给机器人的创意和功能设计上。

完全开源：Arduino 板的硬件原理图、电路图、Arduino IDE 软件、示例程序和核心链接库文件都是开源的，在开源协议内可以根据自己的创意和需要任意修改原始设计和相应的源代码。

本书第 3 章到第 12 章的范例程序都可以从下载的"ino(范例程序)"文件夹中找到，各章所需要的外接函数库也可以从下载的"func(外接函数库)"文件夹中找到，读者不用再自己去网上搜索了，把它们解压缩到 Arduino IDE 安装目录的"Arduino/libraries"文件夹即可。

最后，如果想更多地了解 Arduino 的软硬件或者进一步学习，建议读者经常去 Arduino 官方网站看看。

Arduino 的中文官方网站 URL 为 http://www.arduino.org.cn/。

Arduino 的英文官方网站 URL 为 http://www.arduino.org/。

资深架构师　赵军

2017 年 1 月

目　录

第 1 章　Arduino 快速入门

第 2 章　基本电路原理

第 3 章　自动机器人实习

第 4 章　红外线循迹自动机器人实习

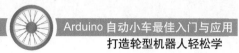

第 8 章　XBee 遥控自动机器人实习

第 9 章　加速度计遥控自动机器人实习

以下为 PDF 电子书

附录 A 实习材料表

附录 B　刻录 ATmega 开机引导程序

附录 C　Arduino 自动机器人组装说明

第 1 章
Arduino 快速入门

1-1 认识 Arduino

Arduino 是由意大利米兰互动设计学院 Massimo Banzi、David Cuartielles、Tom Igoe、Gianluca Martino、David Mellis 及 Nicholas Zambetti 等开发团队的核心成员创造出来的。Arduino 控制板是一块开放源码（open-source）的微控制器电路板，软件源码与硬件电路都是开放的。除了可以在 Arduino 官方网站上购买 Arduino 控制板外，也可以在其他网站购买到兼容的 Arduino 控制板，或者按照官方所公布的电路图自行组装 Arduino 控制板。图 1-1 所示为 Arduino 的注册商标，使用一个无限大的符号来表示"实现无限可能的创意"。Arduino 原始设计的目的是希望设计师和艺术家能够快速、简单地使用 Arduino 这项技术，设计出与真实世界互动的应用产品。

图 1-1　Arduino 注册商标

1-2 Arduino 硬件介绍

Arduino 控制板使用 ATMEL 公司所研发的低价格 ATmega AVR 系列微控制器，从第一代的 ATmega8、ATmega168 到现在的 ATmega328 等微控制器都为 28 引脚的双列直插式封装（Dual In-Line Package，DIP）。另外，也有功能较强的 ATmega1280、ATmega2560 等微控制器。表 1-1 所示为 ATmega 系列微控制器的内部存储器容量的比较，最主要的差异在于使用的微控制器和 USB 接口转换的不同。Arduino 控制板种类虽多，但程序设计语言与硬件连接方式大致相同，常用的 Arduino UNO 控制板使用 ATmega328 芯片。现在的大部分 PC 已经没有 COM 串口（串行端口）的设计，因此 Arduino 控制板采用较为通用的 USB 接口，不需要外接电源，但仍提供电源输入口。

表 1-1　ATmega 系列微控制器的内部存储器容量的比较

内存容量	ATmega8	ATmega168	ATmega328	ATmega1280	ATmega2560
Flash	8KB	16KB	32KB	128KB	256KB
SRAM	1KB	1KB	2KB	8KB	8KB
EEPROM	512B	512B	1KB	4KB	4KB

1-2-1 Duemilanove 板

图 1-2 所示为早期使用的 Arduino Duemilanove 板，内部使用 ATmega168 或 ATmega328 微控制器，并以 FIDI 公司的 USB 接口芯片来处理 USB 的传输通信。Duemilanove 板使用 16MHz 的石英晶体振荡器，有 14 只数字输入 / 输出引脚（0~13，其中 3、5、6、9、10、11 共 6 只引脚可用于 PWM 输出）以及 6 只模拟输入引脚（A0~A5），每只模拟输入引脚都可以提供 10 位（bit）的精度。

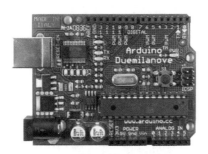

图 1-2　Arduino Duemilanove 板

1-2-2 UNO 板

图 1-3 所示为 Arduino UNO 板，"UNO"的意大利语是"一"的意思，用来纪念 Arduino 1.0 的发布，内部使用 ATmega328 微控制器。UNO 板上有第二颗微控制器 ATmega16u2，取代了之前 FIDI 公司的 USB 接口芯片，用来处理 USB 的传输通信。UNO 板使用 16MHz 的石英晶体振荡器，有一个标准 USB 接口和一个 UART 硬件串口 RX、TX（数字引脚 0、1）。有 14 只数字输入 / 输出引脚（0~13，其中 3、5、6、9、10、11 共 6 只引脚可用于 PWM 输出）以及 6 只模拟输入引脚（A0~A5），提供 10 位的精度。模拟输入引脚 A0~A5 在不用时可以当作数字引脚 14~19 使用，最多 20 只数字 I/O 引脚。

图 1-3　Arduino UNO 板

1-2-3 Leonardo 板

图 1-4 所示为 Arduino Leonardo 板，是将 ATmega328 和 ATmega8u2 这两个微控制器集成在 ATmega32u4 单微控制器中，而 USB 通信是以软件的方式来实现的。Arduino Leonardo 控制板使用 16 MHz 的石英晶体振荡器，有一个 Micro USB 接口、一个 UART 硬件串口、14 只数字输入 / 输出引脚（0~13，其中 3、5、6、9、10、11、13 共 7 只引脚可用于 PWM 输出）以及 12 只模拟输入引脚（A0~A5、A6~A11，使用数字引脚 4、6、8、9、10、12），每只模拟引脚提供 10 位的精度。A0~A5 在不用时可以当作数字引脚 14~19 使用。

图 1-4　Arduino Leonardo 板

1-2-4 DUE 板

图 1-5 所示为 Arduino DUE 板，使用 ATMEL SAM3X8E ARM® Cortex®-M3 CPU，是第一个使用 32 位 ARM 内核微控制器的 Arduino 板。DUE 板使用 84MHz 的石英晶体振荡器，有 54 只数字输入 / 输出引脚（其中 12 只可用于 PWM 输出）以及 12 只模拟输入引脚（A0~A11），每只模拟引脚提供 10 位的精度。DUE 板另外增加了两个 12 位的数字 / 模拟转换器，输入 DAC0~DAC1（Digital to Analog Converter，DAC）。一般 Arduino 板只有一组 UART 串口，DUE 板有 4 组 UART 硬件串口（RX0~RX3、TX0~TX3）和一个 I2C 通信接口（SCL、SDA）。

图 1-5　Arduino DUE 板

1-2-5 Mini 板

图 1-6 所示为 Arduino Mini 板，与邮票大小相同，使用 ATmega328 微控制器。Arduino Mini 板使用 16 MHz 的石英晶体振荡器，不含 USB 接口和 UART 硬件串口，有 14 只数字输入 / 输出引脚（0~13，其中 3、5、6、9、10、11 共 6 只引脚可用于 PWM 输出）及 8 只模拟输入引脚（A0~A7），每只模拟引脚提供 10 位的精度。

图 1-6　Arduino Mini 板

1-2-6 Micro 板

图 1-7 所示为 Arduino Micro 板，与邮票大小相同，可以直接插入面包板中，使用 ATmega32u4 微控制器，内含 1KB 的 EEPROM、2.5KB 的 SRAM 和 32KB 的闪存（Flash）。Micro 板使用 16 MHz 的石英晶体振荡器，有一个 Micro USB 接口和一个 UART 硬件串口，20 只数字输入 / 输出引脚（其中 3、5、6、9、10、11、13 共 7 只引脚可用于 PWM 输出）以及 12 只模拟输入引脚（A0~A5、A6~A11，使用数字引脚 4、6、8、9、10、12），每只模拟输入引脚提供 10 位精度。模拟引脚 A0~A5 在不用时可以当作数字引脚 14~19 使用。

图 1-7　Arduino Micro 板

1-2-7 Nano 板

图 1-8 所示为 Arduino Nano 板，与邮票大小相同，使用 ATmega328 微控制器。Nano 板使用 16 MHz 的石英晶体振荡器，有一个 Mini USB 接口和一个 UART 硬件串口，14 只数字输入 / 输出引脚（其中 3、5、6、9、10、11 共 6 只引脚可用于 PWM 输出）以及 8 只模拟输入引脚（A0~A7），每只模拟引脚提供 10 位的精度。

图 1-8　Arduino Nano 板

1-2-8　Mega 2560 板

图 1-9 所示为 Arduino Mega 2560 板，使用 ATmega2560 微控制器，内含 4KB 的 EEPROM、8KB 的 SRAM 及 256KB 的闪存。Mega 2560 板有更多的 I/O 端口以及更强的微控制器，使用 16 MHz 的石英晶体振荡器，有 54 只数字输入 / 输出引脚（数字引脚 2~13 及 44~46 共 15 只引脚可用于 PWM 输出）和 16 只模拟输入引脚（A0~A15），每只模拟输入引脚提供 10 位的精度。大多数 Arduino 板只有一组 UART 硬件串口，Mega 板和 DUE 板有 4 组 UART 硬件串口。

图 1-9　Arduino Mega 2560 板

1-2-9　LilyPad 板

图 1-10 所示为 Arduino LilyPad 板，使用 ATmega168V（ATmega168 低功耗版）或 ATmega328V 微控制器（ATmega328 低功耗版）。Arduino LilyPad 板主要应用在服装设计上，因为是圆型设计，所以可以像纽扣一样直接缝合到衣物上。

图 1-10　Arduino LilyPad 控制板

1-2-10 FIO 板

图 1-11 所示为 Arduino FIO 板，使用 ATmega328P 微控制器，主要应用在无线网络上。FIO 板的工作电压是 3.3V，使用 8MHz 的石英晶体振荡器，有 14 只数字输入 / 输出引脚（其中 3、5、6、9、10、11 共 6 只引脚可用于 PWM 输出）和 8 只模拟输入引脚（A0~A7），每只模拟引脚提供 10 位的精度。

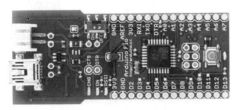

图 1-11　Arduino FIO 板

1-3 Arduino 软件介绍

Arduino 团队为 Arduino 控制板设计了一个专用的集成开发环境（Integrated Development Environment，IDE）软件，具有编辑、验证、编译及上传等功能，只要连上 Arduino 官方网站 arduino.cc，就可以下载最新版的 IDE 软件，将其下载并且解压缩后即可使用，完全不需要再安装。Arduino 使用类似 C/C++ 高级语言来编写原始程序文件，旧版的文件扩展名为 pde，新版的文件扩展名已改为 ino。

在 Arduino 板中所使用的微控制器 ATMEL Atmega8/168/328 AVR 内建烧录功能（In-System Programming，ISP）。利用 ISP 功能将开机引导程序（Bootloader，或称为引导加载程序）预先存储在微控制器中，以简化烧录程序。只需将 Arduino 板经由 USB 接口与计算机连接，不需要再使用任何其他烧录器，即可将程序上传（upload）到微控制器中执行。烧录 ATmega 开机引导程序的方法请参考附录 B 的详细说明。

1-3-1 下载 Arduino 开发环境

Arduino IDE 软件支持 Windows、Mac OS、Linux 等操作系统而且完全免费。在本节中将介绍如何下载 Arduino IDE 及其使用方法，所使用的 Arduino IDE 软件也可以随时到官方网站 arduino.cc 下载更新。

STEP 1

A. 进入官方网站首页 arduino.cc，单击 "Download" 选项，打开下载页面，如图 1-12 所示。

图 1-12　进入官方网站首页 arduino.cc，单击 "Download" 选项

STEP 2

A. 根据自己所使用的操作系统，下载所需的 Arduino IDE 软件。

B. 单击 Windows Installer 直接安装，或者下载 Windows ZIP 压缩文件并解压缩后即可开始使用，不需要再安装，如图 1-13 所示。

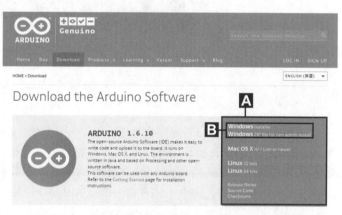

图 1-13　选择所需的安装程序或下载压缩文件并解压

STEP 3

A. 解压缩后，不需要安装就可以直接执行，单击 Arduino 小图标启动 Arduino IDE，如图 1-14 所示。

B. 笔者使用 Arduino -1.0.5 版，文件夹和文件说明如表 1-2 所示。

图 1-14　安装完成后的目录和启动程序

表 1-2　Arduino-1.0.5 版的文件夹及文件说明

文件夹或文件	功能	说明
arduino.exe	执行程序	可到官方网站 arduino.cc 下载最新版本
drivers	驱动程序	不同微控制器所使用的驱动程序
examples	示例程序	在 IDE 环境下单击"文件"→"示例"打开内建范例程序
libraries	链接库	链接库分两个部分： ① 由 Arduino 官方所编写的链接库，如 EEPROM（内存）、LCD（液晶显示器）、Servo（伺服马达）、Stepper（步进马达）、Ethernet（以太网络）、Wi-Fi（无线网络）、SPI（串行传输）、Wire（I2C 串行传输）等 ② 由开发商或创客所编写的链接库，如 rfid-master（RFID 模块）、VirtualWire（RF 模块）、Wishield（Wi-Fi 模块）等

1-3-2 安装 Arduino 板驱动程序

Arduino IDE 使用 USB 接口来建立与 Arduino 板的连接，不同的 Arduino 板所使用的 USB 接口芯片不同，计算机必须正确地安装驱动程序才能工作。早期的 Arduino 板（如 Duemilanove 板）使用 FTDI 厂商生产的通信芯片，驱动程序可以在 drivers 文件夹中找到，必须自行安装。较新的 Arduino 板（如 UNO 板）会自动安装驱动程序。

1. 安装 Windows 驱动程序

STEP 1

A. 本书以安装 Arduino UNO 板驱动程序来说明。将 Arduino 板用 USB 线与计算机连接。单击"开始"→"控制面板"→"系统"，打开"系统属性"窗口，再单击"硬件"→"设备管理器"，如图 1-15 所示。

图 1-15　打开设备管理器准备驱动程序

STEP 2

A. 在"设备管理器"的"端口 (COM 和 LPT)"中，可以看到新增的端口 Arduino UNO R3 (COM10)，如图 1-16 所示。Arduino UNO 所使用的 COM 号随系统环境会有所不同，由系统自动分配。

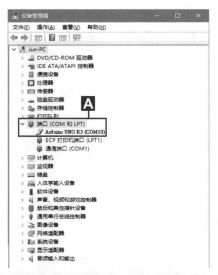

图 1-16　在"设备管理器"可以看到新增的端口 Arduino UNO R3 (COM10)

STEP 3

A. 启动 Arduino IDE，单击"File"→"Preferences"，进入"首选项"设置界面，如图 1-17 所示。

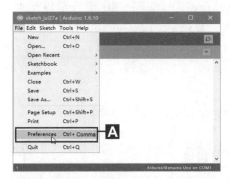

图 1-17　选择菜单的"首选项"（Preferences）菜单项

STEP 4

A. 选择"简体中文（Chinese Simplified）"选项。

B. 单击"OK"按钮，如图 1-18 所示。关闭 Arduino IDE 软件后再启动，设置才会正式生效。

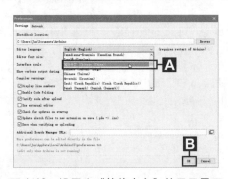

图 1-18　设置为"简体中文"的显示界面

STEP 5

A. 启 动 Arduino IDE 软 件, 单 击
"工 具" → "开 发 板 :Arduino/
Genuino Uno",选择所使用的控
制板,本书使用 Arduino Uno 控
制板。如图 1-19 所示。

图 1-19　选择所使用的控制板

STEP 6

A. 单击"工 具"→"端 口",选择
Arduino UNO 所使用的串行端口
COM10,如图 1-20 所示。

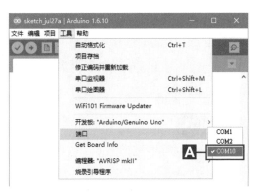

图 1-20　选择 Arduino UNO 所使用的串行端口

2. 安装 Windows 10 驱动程序

STEP 1

A. 将 Arduino 板以 USB 线与计算机
连接,再单击"开始"→"控制
面板"→"系统和安全"→"系
统"→"设备管理器",打开"设
备管理器"窗口,如图 1-21 所示。

图 1-21　单击"设备管理器"

11

STEP **2**

A. 在〝设备管理器〞的〝端口
(COM 和 LPT)〞中，可以看
到新增的端口〝Arduino Uno
(COM3)〞，如 图 1-22 所
示。Arduino UNO 所使用的
COM 号码随系统环境会有所
不同，由系统自动分配。

图 1-22　在〝设备管理器〞可以看到新增的端口
Arduino UNO (COM3)

STEP **3**

A. 如果要使用中文界面，可
以启动 Arduino IDE，单击
〝File〞 → 〝Preferences〞
进入〝首选项〞设置窗口，
如图 1-23 所示。

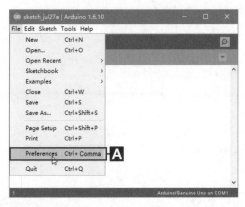

图 1-23　选择菜单的〝首选项〞（Preferences）菜单项

STEP **4**

A. 选择〝简体中文（Chinese
Simplified）选项。

B. 单击〝OK〞按钮，如图 1-24
所示。关闭 Arduino IDE，然
后重新启动该软件，设置才
会生效。

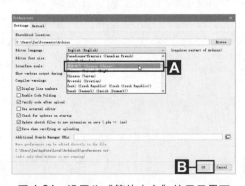

图 1-24　设置为〝简体中文〞的显示界面

STEP 5

A. 开启 Arduino IDE 软件，单击 "工具" → "开发板：Arduino/Genuino Uno"，选择所使用的控制板，本书使用 Arduino UNO 控制板，如图 1-25 所示。

图 1-25　选择所使用的控制板

STEP 6

A. 单击 "工具" → "端口"，选择 Arduino UNO 所使用的串行端口 COM3，如图 1-26 所示。

图 1-26　选择 Arduino UNO 所使用的串行端口

1-3-3　Arduino 开发环境使用说明

STEP 1

A. 本书使用 Windows 10 环境来介绍。用鼠标左键双击 arduino 图标即可启动 Arduino IDE 软件，如图 1-27 所示。

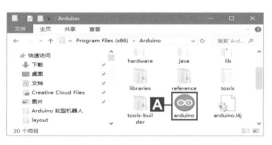

图 1-27　启动 Arduino IDE

STEP 2

A. Arduino 默认的文件名为 sketch，并以当天的日期作为结尾，让用户可以记得开发项目文件的日期。本例中 Jul27a 代表项目文件是 7 月 27 日创建的，如图 1-28 所示。

如表 1-3 所示为 Arduino IDE 的主要功能说明。

图 1-28　Arduino 默认的文件名为 sketch，以当天的日期作为结尾

表 1-3　Arduino IDE 功能说明

快捷按钮	英文名称	中文功能	说明
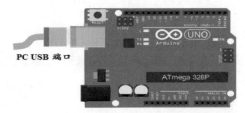	Verify	验证	编译源代码并验证语法是否有错误
	Upload	上传	将编译后的可执行文件上传至 Arduino 板
	New	新建	新建项目文件
	Open	打开	打开扩展名为 ino 的 Arduino 项目文件
	Save	保存	保存项目文件
	Serial Monitor	串口监视器	又称为终端，是计算机与 Arduino 板的通信接口

1-3-4　执行第一个 Arduino 范例程序

STEP 1

A. 以 USB 线连接 Arduino UNO 板的 USB Type B 接口与计算机的 USB Type A 端口，如图 1-29 所示。

B. 检查绿色电源 LED 灯是否亮了，若亮了，则供电正常。

图 1-29　Arduino UNO 板 USB 端口与计算机的 USB 端口连接

STEP 2

A. 双击文件夹中的 arduino 图标，启动 Arduino IDE 软件。

B. 依次单击"文件"→"示例"→"01. Basics"→"Blink"，打开 Blink. ini 程序文件，如图 1-30 所示。

C. Blink.ini 是一个可以让数字引脚 13 的 L 指示灯（橙色）闪烁的小程序。

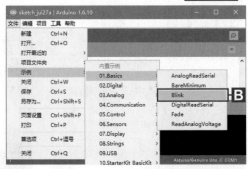

图 1-30　打开 Blink 范例程序

STEP **3**

A. 单击上传  按钮，编译并上传项目文件至 Arduino UNO 板上。

B. 上传过程中，在信息栏会出现"上传中…"信息。上传完成后会出现"上传完毕"的信息，如图 1-31 所示。

C. 查看 Arduino UNO 板上连接到数字引脚 13 的 L 指示灯（橙色）是否能够正确闪烁，如果正确闪烁，就表示上传成功。

图 1-31 上传项目文件至 Arduino UNO 板

何谓 USB？

串口（Serial port）主要用于数据的串行传输，一般计算机常见的串口标准协议为 RS-232，可分为 9 针和 25 针两种 D 型接头类型，在计算机中的代号为 COM。RS-232 协议的传输速率较慢，已经被传输速率较快的 USB 接口所取代。USB 是 Universal Serial Bus（通用串行总线）的缩写，是连接计算机与外部设备的一种串口总线标准。USB1.1 的传输速率为 12Mbps，USB 2.0 的传输速率为 480Mbps，USB 3.0 的传输速率为 5Gbps。

图 1-32 所示为 USB 的接头类型，按其大小可以分成标准型 Type-A、Type-B，Mini 型 Mini-A、Mini-B，Micro 型 Micro-A、Micro-B 三种类型。USB 支持热插拔（hot-plugging，即带电插拔），主要引脚为电源 VBUS（引脚 1）、GND（引脚 4 或引脚 5）和信号 D+（引脚 2）、D－（引脚 3）。Arduino 使用标准型的 USB 线，连接至计算机端的为 Type A 接头，连接至 Arduino 控制板端的为 Type B 接头。在 Arduino 控制板上有一个接口芯片负责将 USB 信号转换成 COM 信号，再由计算机为所连接的 Arduino 控制板分配一个 COM 号，使用起来相当简单。

(a) 标准型　　　　　(b) Mini 型　　　　　(c) Micro 型

图 1-32 USB 接头种类

1-4 Arduino 语言基础

Arduino 程序语言与 C 语言很相似，不过语法更简单而且易学易用，将微控制器中复杂的设置寄存器的操作编写成函数，用户只需输入参数到函数中即可。Arduino 程序主要是由结构（structure）、数值（value）和函数（function）3 个部分组成。

图 1-33 所示的 Arduino 范例程序结构部分包含 setup( ) 和 loop( ) 两个函数，不可省略。setup( ) 函数用来设置变量初值和引脚模式等，在每次通电或重置 Arduino 控制板时，setup( ) 函数只会被执行一次。loop() 函数由其名称"loop"暗示执行"循环"的操作，控制 Arduino 板重复执行所需的功能。Arduino 程序的数值部分主要用于设置公共变量或设置引脚代号等。有时候也会加上注释来增加程序的可读性，单行注释使用双斜线"//"，而多行注释使用单斜线和星号"/*"作为注释的开头，使用星号和单斜线"*/"作为注释的结尾。

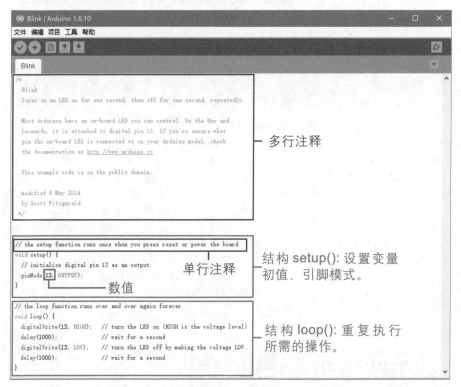

图 1-33　Arduino 范例程序

1-4-1 变量与常数

在 Arduino 程序中常使用变量（variable）与常数（constant）来取代内存的实际地址，好处是程序设计者不需要知道那些地址是否可以使用，而且程序将更易于阅读与维护。一个变量或常数的声明是为了保留内存空间，以便于存储某个数据，至于具体安排哪一个地址，则是由编译程序统一负责分配的。

1. 变量名称

Arduino 语言的变量命名规则与 C 语言相似，第一个字符不可以是数字，必须以英文字母或 "_"（下划线）作为开头，紧接着是字母或数字。我们在命名变量名称时，应该以易于阅读为原则，例如 col、row 代表列与行就比 i、j 更容易理解。

2. 数据类型

表 1-4 所示为 Arduino 的数据类型，由于每一种数据类型（Data Type）在内存中所占用的空间不同，因此在声明变量的同时，也必须指定变量的数据类型，这样编译程序才能够分配适当大小的内存空间给这些变量用于存储数据。

在 Arduino 语言中所使用的数据类型大致可分成布尔（boolean）、整数（integer）和浮点数（float）三大类。布尔数据类型 boolean 只有 true 和 false 两种结果值，主要用于提高程序的可读性。整数数据类型有 char（字符）、int（整数）、long（长整数）共 3 种，配合 signed（有符号数）、unsigned（无符号数）的前置修饰词，可以改变数据的范围。浮点数数据类型有 float、double 两种，常应用于需要更高精度的模拟输入值。在 Arduino 程序中可以使用 char(x)、byte(x)、int(x)、word(x)、long(x)、float(x) 等数据类型转换函数来改变变量的数据类型，自变量 x 可以是任何类型的数据。

表 1-4　数据类型

数据类型	位数	范围
boolean	8	true（定义为非 0），false（定义为 0）
char	8	−128~+127
unsigned char	8	0~255
byte	8	0~255
int	16	−32 768~+32 767
unsigned int	16	0~65 535
word	16	0~65 535
long	32	−2 147 483 648~+2 147 483 647
unsigned long	32	0~4 294 967 295

（续表）

数据类型	位数	范围
short	16	–32 768~+32 767
float	32	–3.402 823 5E+38~+3.402 823 5E+38
double	32	–3.402 823 5E+38~+3.402 823 5E+38

3. 变量的声明

　　声明一个变量必须指定变量名称和数据类型，当变量的数据类型指定后，编译程序将会分配适当的内存空间来存储这个变量。如果一个以上的变量具有相同的变量类型，也可以只用一个数据类型的名称来声明，而变量之间用逗号隔开。如果变量有初值，那么也可以在声明变量的同时一起设置。

> **范例**
>
> int　　ledPin=10;　　　　　　　// 声明整数变量 ledPin，初始值为 10。
>
> char　　myChar=´A´；　　　　　// 声明字符变量 myChar，初始值为´A´。
>
> float　　sensorVal=12.34;　　　　// 声明浮点数 sensorVal，初始值为 12.34。
>
> int　　year=2015, moon=8, day=12;　　//声明整数变量year、moon、day并设置初值。

4. 变量的生命周期

　　所谓变量的生命周期，是指变量保存某个数值、占用内存空间的时间长短，可以区分为全局变量（global variable）和局部变量（local variable）两种。

　　全局变量被声明在任何函数之外。当执行 Arduino 程序时，全局变量就被生成并且给这些全局变量分配了内存空间，在程序执行期间，都能保存其数值，直到程序结束执行时才会释放这些占用的内存空间。全局变量并不会禁止与其无关的函数执行存取的操作，因此在使用上要特别小心，避免变量数值可能被不经意地更改。因此除非有特别的需求，否则还是尽量使用局部变量。

　　局部变量又称为自动变量，在函数的"{ }"（大括号）内声明。当函数被调用时，这些局部变量就会自动产生，系统会给这些局部变量分配内存空间，当函数结束时，这些局部变量又会自动消失并释放所占用的内存空间。

1-4-2　运算符

　　计算机除了能够存储数据外，还必须具备运算的能力，在运算时所使用的符号就是运算符（operator）。常用的运算符可分为算术运算符、关系运算符、逻辑运算符、位运算符以及复合运算符 5 种。当语句中包含不同运算符时，Arduino 微控制器首先会执行算术运算符，其次是关系运算符、位运算符、逻辑运算符，最后才是复合运算符，我们也可以使用"( )"（小括号）来改变运算的优先级。

1. 算术运算符

表 1-5 所示为算术运算符（Arithmetic Operator）。当表达式中有一个以上的算术运算符时，先进行乘法、除法与余数运算，再进行加法与减法的运算。若算式中的算术运算符具有相同的优先级，则从左向右按序计算。

表 1-5　算术运算符

算术运算符	运算	范例	说明
+	加法	a+b	a 的值与 b 的值相加
–	减法	a–b	a 的值与 b 的值相减
*	乘法	a*b	a 的值与 b 的值相乘
/	除法	a/b	求 a 的值除以 b 的值得到的商
%	余数	a%b	求 a 的值除以 b 的值得到的余数
++	递增	a++	a 的值加 1，即 a=a+1
– –	递减	a– –	a 的值减 1，即 a=a–1

范例

```
void setup()
{ }
void loop()
{
        int a=20, b=3, c, d, e, f;      //声明整数变量 a、b、c、d、e、f 并设置初值。
        c=a+b;                          // 加法运算，c=23。
        d=a-b;                          // 减法运算，d=17。
        e=a/b;                          // 除法运算，e=6。
        f=a%b;                          // 余数运算，f=2。
        a++;                            // 递增 1，a=21。
        b--;                            // 递减 1，b=2。
}
```

2. 关系运算符

表 1-6 所示为关系运算符 (Comparison Operator)，比较两个操作数的值，然后

返回布尔（boolean）值。当关系式成立时，返回布尔值 true；当关系式不成立时，返回布尔值 false。关系运算符的优先级都相同，按照出现的顺序从左到右按序执行。

表 1-6　关系运算符

关系运算符	运算	范例	说明
==	等于	a==b	若 a 等于 b 则结果为 true，否则为 false
!=	不等于	a!=b	若 a 不等于 b 则结果为 true，否则为 false
<	小于	a<b	若 a 小于 b 则结果为 true，否则为 false
>	大于	a>b	若 a 大于 b 则结果为 true，否则为 false
<=	小于等于	a<=b	若 a 小于或等于 b 则结果为 true，否则为 false
>=	大于等于	a>=b	若 a 大于或等于 b 则结果为 true，否则为 false

范例
```
void setup()
{ }
void loop()

{
    int val=analogRead(A0);    // 读取 A0 模拟输入引脚转换后的数字值。
    if(val>100)                //val 是否大于 100?
    digitalWrite(13,HIGH);     // 若 val 大于 100 则点亮 pin13 的 LED。
    else


    digitalWrite(13,LOW); // 若 val 小于或等于 100，则关闭 pin13 的 LED。
}
```

3. 逻辑运算符

表 1-7 所示为逻辑运算符（Boolean Operator），在逻辑运算中，若结果不是 0 则为真（true），若结果为 0 则为假（false）。对"与"（AND）运算而言，两个数都为真时，其结果才为真。对"或"（OR）运算而言，其中有一个数为真，结果就为真。对"求反"（NOT，或称为"非"）运算而言，若数值原来为真，则"求反"运算后变为假；若数值原来为假，则"求反"运算后变为真。

表 1-7　逻辑运算符

逻辑运算符	运算	范例	说明
&&	AND	a&&b	a 与 b 两个变量执行逻辑"与"（AND）运算
||	OR	a||b	a 与 b 两个变量执行逻辑"或"（OR）运算
!	NOT	!a	a 变量执行逻辑"非"（NOT）运算

范例

```
void setup()
{ }
void loop()
{       boolean a=true,b=false,c,d,e;// 声明布尔变量 a、b、c、d、e。
        c=a&&b;                    //a、b 两个变量进行逻辑 AND 运算，c=false。
        d=a||b;                    //a、b 两个变量进行逻辑 OR 运算，d=true。
        e=!a;                      //a 变量进行逻辑 NOT 运算，e=false。
}
```

4. 位运算符

表 1-8 所示为位运算符（Bitwise Operator），是将两个变量的每一个位都进行逻辑运算，位值 1 为真，位值 0 为假。对右移位运算而言，若变量为无符号数，则执行右移位运算后填入最高位的位值为 0；若变量为有符号数，则填入最高位的位值为最高位本身。对左移位运算而言，无论是无符号数还是有符号数，填入最低位的位值都为 0。

表 1-8　位运算符

位运算符	运算	范例	说明
&	AND	a&b	a 与 b 两个变量的每一个相同位执行"与"逻辑运算
|	OR	a|b	a 与 b 两个变量的每一个相同位执行"或"逻辑运算
^	XOR	a^b	a 与 b 两个变量的每一个相同位执行"异或"（XOR）逻辑运算
~	补码	~a	将 a 变量值的每一位"求反"（0、1 互换）
<<	左移	a<<4	将 a 变量值左移 4 位
>>	右移	a>>4	将 a 变量值右移 4 位

范例

```
void setup()
{ }
void loop()
{
        char a=0b00100101;        // 声明字符变量 a=0b00100101( 二进制数 )。
        char b=0b11110000;        // 声明字符变量 b=0b11110000( 二进制数 )。
        unsigned char c=0x80;        // 声明无符号数字字符变量 c=0x80( 十六进制数 )。
        unsigned char d,e,f,l,m,n;  // 声明无符号数字字符变量 d、e、f、l、m、n。
        d=a&b;                 //a、b 两个变量执行位 AND 逻辑运算，d=0x20。
        e=a|b;                 //a、b 两个变量执行位 OR 逻辑运算，e=0xf5。
        f=a^b;                 //a、b 两个变量执行位 XOR 逻辑运算，f=0xd5。
        l=~a;                  //a 变量执行位 NOT 逻辑运算，l=0xda。
        m=b<<1;                //b 变量值左移 1 位，m=0xe0。
        n=c>>1;                //c 变量值右移 1 位，n=0x40。
```

5. 复合运算符

表 1-9 所示为复合运算符（Compound Operator），是将运算符与等号结合后的简化表达式。

表 1-9　复合运算符

复合运算符	运算	范例	说明
+=	加	a+=b	与 a=a+b 表达式相同
-=	减	a-=b	与 a=a-b 表达式相同
*=	乘	a*=b	与 a=a*b 表达式相同
/=	除	a/=b	与 a=a/b 表达式相同
%=	余数	a%=b	与 a=a%b 表达式相同
<<=	左移	a<<=2	与 a=a<<2 表达式相同
>>=	右移	a>>=2	与 a=a>>2 表达式相同
&=	位 AND	a&=b	与 a=a&b 表达式相同
|=	位 OR	a|=b	与 a=a|b 表达式相同
^=	位 XOR	a^=b	与 a=a^b 表达式相同

范例

```
void setup()
{ }
void loop()
{
        int x=2;                    // 声明整数变量 x，设置初值为 2。
        char a=0b00100101;          // 声明字符变量 a=0b00100101( 二进制数 )。
        char b=0b00001111;          // 声明字符变量 b=0b00001111( 二进制数 )。
        x+=4;                       //x=x+4=2+4=6。
        x-=3;                       //x=x-3=6-3=3。
        x*=10;                      //x=x*10=3*10=30。
        x/=2;                       //x=x/2=30/2=15。
        x%=2;                       //x=x%2=15%2=1。
        a&=b;                       //a=a&b=0b00000101。
        a|=b;                       //a=a|b=0b00001111。
        a^=b;                       //a=a^b=0b00000000。
}
```

6. 运算符的优先级

表达式结合常数、变量以及运算符就能够产生一个数值，当表达式中有一个以上运算符时，运算符的优先级如表 1-10 所示。如果不能够确定运算符的优先级，可以使用 "( )"（小括号）将要优先运算的表达式括起来，这样就不会产生错误了。

表 1-10　运算符的优先级

优先级	运算符	说明
1	( )	括号
2	~，！	补码，NOT 运算
3	++，－－	递增，递减
4	*，/，%	乘法，除法，余数
5	+，－	加法，减法
6	<<，>>	左移位，右移位
7	<>，<=，>=	不等于，小于等于，大于等于
8	==，!=	相等，不等
9	&	位 AND 运算
10	^	位 XOR 运算
11	|	位 OR 运算

（续表）

优先级	运算符	说明
12	&&	逻辑 AND 运算
13	||	逻辑 OR 运算
14	*=，/=，%=，+=，– =，&=，^=，|=	复合运算

1-4-3 Arduino 程序流程控制

所谓程序流程控制，是指控制程序执行的方向。Arduino 程序流程控制可分成三大类，即循环控制指令（for、while、do…while）、条件控制指令（if、switch case）以及无条件跳转指令（goto、break、continue）。

1. 循环控制指令：for 循环

图 1-34 所示为 for 循环，由初值表达式、条件表达式和增量或减量表达式 3 个部分组成，彼此之间以分号隔开。初值表达式可以设置为任何数值，若条件表达式为真，则执行"{ }"（大括号）中的语句，若条件表达式为假，则离开 for 循环。每执行一次 for 循环内的语句后，按增量递增或按减量递减。

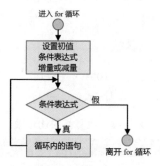

图 1-34　for 循环

格式：for(初值；条件表达式；增量或减量) { }

```
范例： void setup()
{ }
void loop()
{
     int i,s=0;          // 声明整数变量 i、s。
     for(i=0;i<=10;i++)  // 当 i 小于或等于 10 时，执行 for 循环。

          s=s+i;         //s=1+2+…+10=55。
}
```

2. 循环控制指令：while 循环

图 1-35 所示为 while 循环，它是先判断型循环，while 循环体内的语句可能一次都不执行。当条件表达式为真时，执行 "{ }"（大括号）中的语句，直到条件表达式为假时才结束 while 循环。若 while 条件表达式中没有初值表达式和增量（或减量）表达式，则必须在循环内的语句中设置。

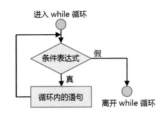

图 1-35   while 循环

格式：while(条件表达式) { }

```
范例： void setup()
      { }
      void loop()
      {     int i=0,s=0;        // 声明整数变量 i、s。
            while(i<=10)        // 当 i 小于或等于 10 时，执行 while 循环。
            {
            s=s+i;              //s=1+2+3+…+10=55。

            i++;                //i 递增 1。
            }
      }
```

3. 循环控制指令：do-while 循环

图 1-36 所示为 do-while 循环，它是后判断型循环，会先执行 "{ }"（大括号）中的语句一次，然后判断条件表达式，因此 do-while 循环体内的语句至少执行一次。当条件表达式为真时，执行 "{ }"（大括号）中的语句，直到条件表达式为假才结束 do-while 循环。

图 1-36   do-while 循环

格式：do { } while(条件表达式)

范例：void setup()
　　　{ }
　　　void loop()
　　　{
　　　　　int i=0,s=0;
　　　　　// 声明整数变量 i、s。
　　　　　do
　　　　　{

　　　　　s=s+i;　　　　　　　//s=1+2+3+…+10。
　　　　　i++;　　　　　　　　//i 递增。
　　　　　}

　　　　　while(i<=10)　　　// 当 i 小于或等于 10 时，执行 do-while 循环。
　　　}

4. 条件控制指令：if 语句

图 1-37 所示为 if 语句，它会先判断条件表达式，若条件表达式为真，则执行一次 "{ }"（大括号）中的语句；若条件表达式为假，则不执行。在 if 语句内只有一行语句时，可以不用加 "{ }"（大括号）；如果有一行以上的语句，就必须加上 "{ }"（大括号）。如果没有加上大括号，条件表达式成立时就只会执行 if 语句内的第一行语句。

图 1-37　if 语句

格式：if (条件表达式) { }

范例：void setup()
　　　{ }
　　　void loop()
　　　{
　　　　　int a=2,b=3,c=0;
　　　　　 // 声明整数变量。
　　　　　if(a>b)　　　　　　　//a 大于 b？
　　　　　c=a;　　　　　　　　// 若 a 小于或等于 b，则 c=0。
　　　}

5. 条件控制指令：if-else 语句

图 1-38 所示为 if-else 语句，它会先判断条件表达式，若条件表达式为真，则执行 if 内的语句；若条件表达式为假，则执行 else 内的语句。在 if 语句或 else 语句内，如果只有一行语句，可以不用加 "{ }"（大括号）；如果有一行以上的语句时，一定要加上 "{ }"（大括号），否则只会执行第一行语句，而造成执行错误。

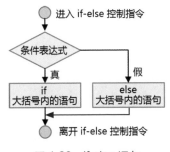

图 1-38　if-else 语句

格式：if（条件表达式）{ } else { }

```
范例：void setup()
{ }
void loop()
{
        int a=3,b=2,c=0;
     // 声明整数变量 a、b、c。
        if(a>b)                      //a 大于 b？

            c=a;                     // 若 a 大于 b，则 c=a。
        else                         //a 小于或等于 b？

            c=b;                     // 若 a 小于或等于 b，则 c=b。
}
```

6. 条件控制指令：嵌套 if-else 语句

图 1-39 所示为嵌套 if-else 语句。使用嵌套 if-else 语句时必须注意 if 与 else 的配合，其原则是 else 要与最接近且未配对的 if 配成一对，通常我们都是以 Tab 制表符或空格符来对齐 if-else 配对，以避免错误的出现。在 if 语句或 else 语句内，如果只有一行语句，可以不用加 "{ }"（大括号）；如果有一行以上的语句，就一定要加上 "{ }"（大括号），否则只会执行第一行语句，从而造成误操作。

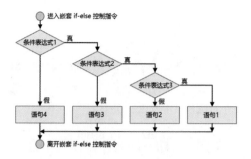

图 1-39　嵌套 if-else 语句

格式：
if (条件 1)

　　if (条件 2)

　　　if (条件 3) { 语句 1}

　　　else{ 语句 2}

　　else{ 语句 3}

else { 语句 4}

```
范例：void setup()
      {}
      void loop()
      {
          int score=75;
          char grade;
          if(score>=60)                // 成绩大于或等于 60 分？
              if(score>=70)                // 成绩大于或等于 70 分？
                  if(score>=80)                // 成绩大于或等于 80 分？
              i      f(score>=90)                // 成绩大于或等于 90 分？
                      grade='A';// 成绩大于或等于 90 分，等级为 A。
                      else        // 成绩在 80~89 分之间。
                      grade='B';// 成绩在 80~89 分之间，等级为 B。
                      else        // 成绩在 70~79 分之间。
                      grade='C';// 成绩在 70~79 分之间，等级为 C。
                  else        // 成绩在 60~69 分之间。
                  grade='D';        // 成绩在 60~69 分之间，等级为 D。
              else        // 成绩小于 60 分。
              grade='E';                // 成绩小于 60 分，等级为 E。
      }
```

7. 条件控制指令：if-else if 语句

图 1-40 所示为 if-else if 语句，使用 if-else if 语句时必须注意 if 与 else if 的配

对，其原则是 else if 要与最接近且未配对的 if 配成一对，通常我们都是以 Tab 制表符或空格符来对齐 if-else 配对，以避免错误的出现。在 if 语句或 else 语句内，如果只有一行语句，可以不用加"{ }"（大括号）；如果有一行以上的语句，就一定要加上"{ }"（大括号），否则只会执行第一行语句，而造成误操作。

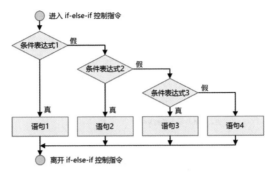

图 1-40   if-else if 语句

```
格式：
if( 条件 1 ) { 语句 1}
    else if( 条件 2 ) { 语句 2}
        else if( 条件 3 ) { 语句 3}
else { 语句 4}
```

范例： void setup()
　　　{ }
　　　void loop()
　　　{
　　　　　int score=75;　　　　　　// 成绩。
　　　　　char grade;　　　　　　　// 等级。

　　　　　if(score>=90 && score<=100)// 成绩在 90~100 分之间？
　　　　　grade=′ A ′;　　　　　　　// 成绩在 90~100 分之间，等级为 A。
　　　　　　else if(score>=80 && score<90)　　// 成绩在 80~89 分之间？
　　　　　　grade=′ B ′;　　// 成绩在 80~89 分之间，等级为 B。
　　　　　　　　else if(score>=70 && score<80)// 成绩在 70~79 分之间？
　　　　　　　grade=′ C ′;　　// 成绩在 70~79 分之间，等级为 C。
　　　　　　　　　else if(score>=60 && score<70) // 成绩在 60~69 分之间？
　　　　　　　　grade=′ D ′;// 成绩在 60~69 分之间，等级为 D。
　　　　　else　　　　　　　　　// 成绩小于 60 分。
　　　　　grade=′ E ′;　　　　　// 成绩小于 60 分，等级为 E。
　　　}
```
```

8. 条件控制指令：switch-case 语句

图 1-41 所示为 switch-case 语句，与 if-else if 语句类似，但 switch-case 语句的格式较清楚而且有弹性。if-else if 语句是二选一的程序流程控制指令，而 switch-case 是多选一的程序流程控制指令。在 switch 内的条件表达式的运算结果必须是整数或字符，switch 以条件表达式运算的结果与 case 所指定的条件值对比，若与某个 case 中的条件值相同，则执行该 case 所指定的语句；若所有的条件值都不符合，则执行 default 所指定的语句。要结束 case 语句的执行时，可以使用 break 语句，但是一次只能跳出一层循环；要一次结束多个循环时，可以使用 goto 指令，但程序的流程将变得凌乱，所以应尽量少用或不用 goto 指令。

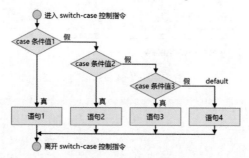

图 1-41　switch-case 语句

```
格式：
switch（条件表达式）
{       case 条件值 1:
        {语句 1;}
        break;
        case 条件值 2:
        {语句 2;}
        break;
        default:
        {语句 n;}
}
范例：void setup()
      {}
      void loop()
      {
            int score=75;    // 成绩。
            int value;       // 数值。
            char grade;      // 等级。
```

```
value=score/10;          // 取出成绩十位数值。
switch(value)
{                        // 以成绩十位数值作为判断条件。
        case 10:         // 成绩为 100 分。
        grade='A';       // 成绩为 100 分，等级为 A。
        break;           // 结束循环。
        case 9:                      // 成绩在 90~99 分之间？
        grade='A';       // 成绩在 90~99 分之间，等级为 A。
        break;           // 结束循环。
        case 8:          // 成绩在 80~89 分之间？
        grade='B';       // 成绩在 80~89 分之间，等级为 B。
        break;           // 结束循环。
        case 7:          // 成绩在 70~79 分之间？
        grade='C';       // 成绩在 70~79 分之间，等级为 C。
        break;           // 结束循环。
        case 6:          // 成绩在 60~69 分之间？
        grade='D';       // 成绩在 60~69 分之间，等级为 D。
        break;           // 结束循环。
        default:         // 成绩小于 60 分？
        grade='E';       // 成绩小于 60 分，等级为 E。
        break;           // 结束循环。
        }
    }
```

9. 无条件跳转指令：goto 语句

图 1-42 所示为 goto 语句，可以结束所有循环的执行，但是为了程序的结构化，应尽量少用 goto 语句，因为使用 goto 语句会造成程序流程的混乱，使得程序阅读更加困难。goto 语句所指定的标记（label）名称必须与 goto 语句在同一个函数内，不能跳到其他函数内。标记名称与变量写法相同，区别是标记名称后面必须加冒号。

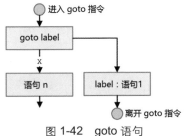

图 1-42 goto 语句

格式：goto 标记名称 label

范例：void setup()

  { }

  void loop()

  {

    int i,j,k;   // 声明整数变量 i,j,k。

    for(i=0;i<1000;i++)   //i 循环。

     for(j=0;j<1000;j++)   //j 循环。

      for(k=0;k<1000;k++)   //k 循环。

       if(analogRead(0) 大于 500)// 模拟引脚 0 读值大于 500?

       goto exit;// 模拟输入 A0 值 >500，结束 i,j,k 循环。

   exit: // 标记 exit。

   digitalWrite(13,HIGH);// A0 值大于 500，设置 p13 状态为 HIGH。

  }

1-4-4 数组

所谓数组（Array），是指存放在连续内存中的一组相同数据类型的集合。数组跟变量一样需要先声明，然后编译程序才会知道数组的数据类型及数组大小。数组声明包含数据类型、数组名、数组大小以及数组初值 4 个部分。

（1）数据类型：在数组中每个元素的数据类型都相同。

（2）数组名：命令规则与变量声明方法相同。

（3）数组大小：必须指定数组大小，编译程序才能分配内存，数组可以是多维的。

（4）数组初值：与变量相同，可以事先指定数组初值或不指定。

格式：

数据类型　数组名 [数组大小 n]={ 初值 0, 初值 1,…, 初值 n-1};// 一维数组。

数据类型　数组名 [m][n]={{ 初值 0, 初值 1,…初值 n-1},　// 二维数组：第 1 行。

　　　　　　　　　　　　　　{ 初值 0, 初值 1,…初值 n-1},　// 二维数组：第 2 行。

　　　　　　　　　　　　　　　　　　　　　：

　　　　　　　　　　　　　　{ 初值 0, 初值 1,…初值 n-1}};// 二维数组：第 m 行。

范例：　void setup()

　　　　{ }

　　　　void loop()

　　　　{

　　　　　　int a[5]={0,1,2,3,4}　　　　　　　　　　// 声明一维整数数组。

　　　　　　int b[2][3]={ {0,1,2},{3,4,5} };　　　　　// 声明二维整数数组。

　　　　}

1-4-5　预处理命令

预处理类似汇编语言中的伪指令，是针对编译程序所下达的指令。Arduino 语言在程序编译之前会先处理程序中含有"#"记号的语句，这个操作就是预处理，由预处理器（preprocessor）负责。预处理可以放在程序的任何地方，不过通常放在程序的最前面。

1. #include 预处理

使用 #include 预处理可以将一个头文件加载至一个源文件中，头文件必须以 h 作为扩展文件名。在 #include 后面的头文件有两种语句方式，一种是使用""""（双引号），另一种是使用"< >"（尖括号）。如果是以双引号将头文件名括住，那么预处理器会先从源文件所在目录开始寻找头文件，找不到时再到其他目录中寻找。如果是以尖括号将头文件名括住，那么预处理器会先从头文件目录中寻找。

在 Arduino 语言中定义了一些实用的外设头文件，以便简化程序设计，如 EEPROM 内存（EEPROM.h）、伺服马达（Servo.h）、步进马达（Stepper.h）、SD 卡（SD.h）、LCD 显示器（LiquidCrystal.h）、TFT 显示器（TFT.h）、以太网络（Ethernet.h）、无线 WiFi（WiFi.h）、SPI 接口（SPI.h）、I2C 接口（Wire.h）、音频接口（Audio.h）以及 USB 接口（USBHost.h）等。

格式：#include ＜头文件＞ 或 #include ＂头文件＂

范例：

```
#include <Servo.h>        // 加载 Servo.h 头文件。
Servo myservo;           // 定义 Servo 对象。
int pos=0;               // 服务器转动角度。
void setup()
{
myservo.attach(9); // 服务器 Servo 控制信号引脚连接至 Arduino 板的数字引脚 9。
}
        void loop()
        { }
```

2. #define 预处理

使用 #define 预处理可以定义一个宏名称来代表一个字符串，这个字符串可以是一个常数、表达式或含有自变量的表达式。当程序中使用到这个宏名称时，预处理器就会将这些宏名称以其所代表的字符串来替换。使用相同宏名称的次数越多，就会占用越多的内存空间，而函数只会占用定义一次函数所需的内存空间。虽然宏比函数占用的内存空间更多，但是执行速度比函数快。

格式：#define 宏名称 字符串

```
范例：#define PI 3.14159        // 定义宏 PI=3.14159。
     #define AREA(x) PI*x*x   // 定义宏 AREA(X)=PI*x*x。
     void setup()
     { }
     void loop()
     {
         float result=AREA(2);// 计算圆面积，result=12.57。
     }
```

1-4-6 函数

所谓函数（function），是指将一些常用的语句集合起来，并且以一个名称来代表，如同在汇编语言中的子程序。当主程序必须使用到这些语句集合时才去调用执行此函数，如此可以减少程序代码的重复、增加程序的可读性。在调用函数之前都必须先声明该函数，而且传给函数的自变量数据类型以及函数返回值的数据类型都必须与函数原型定义的相同。

函数原型

所谓函数原型，是指传给函数的自变量数据类型与函数返回值的数据类型。函数原型的声明包含函数名称、传给函数的自变量数据类型和函数返回值的数据类型。当被调用的函数要返回数值时，函数的最后一个语句必须使用 return 语句。使用 return 语句有两个目的：一是将控制权交还给调用函数，二是将 return 语句"( )"（小括号）中的数值返给调用函数。return 语句只能从函数返回一个数值。

格式： 返回值的类型 函数名称 (自变量 1 类型 自变量 1, 自变量 2 类型 自变量 2, ……, 自变量 n 类型 自变量 n)

```
范例：void setup()
      { }
      void loop()
      {
          int x=5,y=6,sum;          // 声明整数变量 x,y,sum。
          sum=area(x,y);            // 调用 area 函数。
      }
      int area(int x,int y)
          // 计算面积函数 area()。
      {   int s;
          s=x*y;                    // 执行 s=x*y 运算。
          return(s);                // 返回面积值 s=30。
      }
```

在前面的章节中，我们将变量作为自变量传入函数中，是将变量的数值传至函数，同时在函数中会另外分配一个内存空间给这个变量，这种方法称为传值调用。如果要将数组数据传入函数中，就必须传给函数两个自变量：一个是数组的地址，一个是数组的大小，这种方法称为传址调用。当传递数组给函数时，并不会将此数组复制一份给函数，只是把数组的起始地址传递给函数，函数再利用这个起始地址与下标值存取原来在主函数中的数组内容。

格式：返回值的类型 函数名称（自变量 1 类型 自变量 1, 自变量 2 类型 自变量 2,
……, 自变量 n 类型 自变量 n)

范例：
```
void setup()
{ }
void loop()
{
    int result;                    // 声明整数变量 result。
    int a[5]={1,2,3,4,5};          // 声明整数数组 a[5]。
    int size=5;                    // 声明整数变量 size。
    result=sum(a,size);            // 传址调用函数 sum。
    Serial.println(result);
}
int sum(int a[],int size)          // 函数 sum。
{
    int i;                         // 声明整数变量 i。
    int result=0;                  // 声明整数变量 result。
    for(i=0;i<size;i++)
    result=result+a[i];            // 计算数组中所有元素的总和。
    return(result);                // 返回计算结果，result=15。
}
```

1-4-7 Arduino 常用函数

1. pinMode( ) 函数

Arduino 的 pinMode() 函数的作用是设置数字输入 / 输出引脚（In/Out，I/O）
的模式。pinMode 函数有两个参数：第一个参数 pin 用来定义数字引脚的编号，在
Arduino UNO 板上有编号 0~13 共 14 只数字 I/O 引脚；第二个参数 mode 用来设置
引脚的模式，有 INPUT、INPUT_PULLUP 和 OUTPUT 三种模式，其中 INPUT 设
置引脚为高阻抗（high-impedance）输入模式，INPUT_PULLUP 设置引脚为内含上
拉电阻（internal pull-up resistor）输入模式，而 OUTPUT 设置引脚为输出模式。
Arduino 的函数有大小写的区别，因此函数名称和参数的大小写必须完全相同。

格式：pinMode(pin,mode)

范例：pinMode(2,INPUT);
　　　 // 设置数字引脚 2 为高阻抗输入模式。
　　　pinMode(3,INPUT_PULLUP);　// 设置数字引脚 3 为内含上拉电阻输入模式。
　　　式。
　　　pinMode(13,OUTPUT);　　　　// 设置数字引脚 13 为输出模式。

2. digitalWrite( ) 函数

　　Arduino 的 digitalWrite( ) 函数的作用是设置数字引脚的状态，函数的第一个参数 pin 用于定义数字引脚编号，第二个参数 value 用于设置引脚的状态（有 HIGH 和 LOW 两种状态）。如果所要设置的数字引脚已经由 pinMode( ) 函数设置为输出模式，那么 HIGH 电压为 5V；LOW 电压为 0V。在 Arduino 板上只有一只 5V 电源引脚，如果需要一只以上的电源引脚时，可以使用数字引脚，再设置其输出为 HIGH 即可。

格式：digitalWrite(pin,value)

范例：pinMode(13,OUTPUT);　　　　// 设置数字引脚 13 为输出模式。
　　　digitalWrite(13,HIGH);　　// 设置数字引脚 13 输出高电压。

3. digitalRead( ) 函数

　　Arduino 的 digitalRead( ) 函数的作用是读取所指定数字引脚的状态，函数只有一个参数 pin（用于定义数字输入引脚的编号）。digitalRead() 函数所读取的值有 HIGH 和 LOW 两种输入状态。

格式：digitalRead(pin)

范例：pinMode(13,INPUT);
　　　 // 设置数字引脚 13 为输入模式。
　　　int val=digitalRead(13);// 读取数字引脚 13 的输入状态并存入变量 val 中。

4. analogWrite( ) 函数

　　analogWrite( ) 函数的作用是输出脉宽调制信号（Pulse Width Modulation，PWM）到指定的 PWM 引脚，脉冲频率约为 500Hz。PWM 信号可以用来控制 LED 的亮度或直流马达的转速，在使用 analogWrite( ) 函数输出 PWM 信号时已自动设置引脚为输出模式，不需要再使用 pinMode( ) 函数去设置引脚模式。

analogWrite( ) 函数有 pin 和 value 两个参数必须设置，pin 参数设置 PWM 信号输出引脚，多数 Arduino 板使用 3、5、6、9、10、11 共 6 只引脚输出 PWM 信号。PWM 信号的周期为 (ton/T)100%，value 参数可以设置脉冲宽度 ton，其值为 0~255，而 T 值固定为 255。

图 1-43 所示为 PWM 信号，当 value=0 时，周期为 0%，直流电压等于 (ton/T)5=0；当 value=63 时，周期为 25%，直流电压为 1.25V；当 value=127 时，周期为 50%，直流电压为 2.5V；当 value=191 时，周期为 75%，直流电压为 3.75V；当 value=255 时，周期为 100%，直流电压为 5V。

格式：analogWrite(pin,value)

范例：analogWrite(5,127);   // 输出周期为 50% 的 PWM 信号至引脚 5。

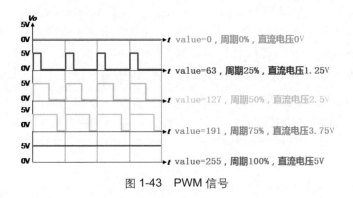

图 1-43　PWM 信号

5. analogRead( ) 函数

analogRead( ) 函数的作用是读取模拟输入引脚电压 0~5V，并转换成数字值 0~1023，只有一个参数 pin 可以设置。在 UNO 板上的 pin 值为 0~5 或 A0~A5，在 Mini 和 Nano 板上的 pin 值为 0~7 或 A0~A7，在 Mega 板上的 pin 值为 0~15 或 A0~A15。因为内部使用了 10 位的模拟 / 数字转换器，所以 analogRead( ) 函数的返回值为整数 0~1023。

格式：analogRead(pin)

范例：int val=analogRead(0);   // 读取模拟输入引脚 A0 的电压并转成数字值。

6. delay( ) 函数

Arduino 的 delay( ) 函数的作用是设置毫秒延迟时间，只有一个参数 ms，设置值的单位为毫秒，ms 参数的数据类型为 unsigned long，可以设置的范围为

0~（2^{32}-1），因此最大可以设置 50 天的延迟时间。delay( ) 函数没有返回值。

> 格式：delay(ms)

范例：**delay(1000);**

        // 设置延迟时间 1 秒 =1000 毫秒。

7. delayMicroseconds( ) 函数

Arduino 的 delayMicroseconds( ) 函数的作用是设置微秒延迟时间，只有一个参数 ms，设置值的单位为微秒。ms 参数的数据类型为 unsigned int，可以设置的范围为 0~（2^{16}-1），因此最大可以设置 65 毫秒的延迟时间。delayMicroseconds( ) 函数没有返回值。

> 格式：delayMicroseconds(ms)

范例：**delayMicroseconds(1000);** // 设置延迟 1 毫秒 =1000 微秒。

8. millis( ) 函数

Arduino 的 millis( ) 函数的作用是测量 Arduino 板从开始执行到当前为止所经过的时间，单位为 ms。这个函数没有参数，但有一个返回值，数据类型为 unsigned long，可以测量的范围为 0~（2^{32}-1），最大为 50 天。

> 格式：millis( )

范例：**unsigned long time=millis( );**

        // 返回 Arduino 板开始执行至当前为止的时间。

NOTE

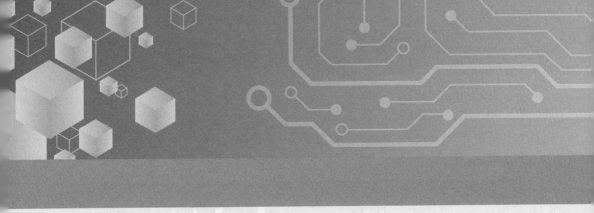

第 2 章
基本电路原理

2-1 电的基本概念

常用的电学名称有电荷、电压、电流、电阻、电能和电功率（缩写为功率）等，一般都以发现其物理现象的科学家来命名对应的单位，如表 2-1 所示。

表 2-1　电学单位

电学名称	符号	电学单位
电荷	Q	库仑 (Coulomb，C)
电压	V	伏特 (Volt，V)
电流	I	安培 (Ampere，A)
电阻	R	欧姆 (Ohm，Ω)
电能	W	焦耳 (Joule，J)
功率	P	瓦特 (Watt，W)

如果以表 2-1 所示的电学单位来表示数值，有时可能会太小或太大，造成阅读上的困难，因此有必要再将其转换成表 2-2 所示的十倍数符号来简化数值的表示。

表 2-2　十倍数符号

符号	中文名称	英文名称	倍数
T	兆	tera	10^{12}
G	十亿	giga	10^{9}
M	百万	mega	10^{6}
k	千	kilo	10^{3}
m	毫	milli	10^{-3}
m	微	micro	10^{-6}
n	纳	nano	10^{-9}
p	皮（微微）	pico	10^{-12}

2-1-1 电荷

电荷的单位为库仑（Coulomb，C），符号为 Q。这个单位是为了纪念法国物理学家 Charles Augustin de Coulomb 对电学的贡献。库仑定律是指在真空中两个静止点电荷之间的相互作用力，与距离平方成反比，而与电量乘积成正比。作用力的方向在这两点电荷的连线上，同极性电荷相斥，异极性电荷相吸。电荷与电流和时间成正比，即 $Q=I \times t$，一般电池以毫安小时（mAh）或安培小时（Ah）来标示电荷容量。例如 1000mAh 的锂电池，在负载电流 500mA 的连续使用下可以使用 2 小时。

2-1-2 电压

电压为电位、电位差、电动势、端电压和电压降的通称，单位为伏特（Volt，V），符号为 V。这个单位是为了纪念意大利物理学家伏特（Alessandro Volta）先生对电学的贡献。按电压对时间的变化分类，可分成直流电压和交流电压两种，直流电压的电压值和极性不会随着时间而改变，例如电池就是直流电压。交流电压的电压值和极性会随着时间而改变，例如家用 220V 电源就是交流电压。

2-1-3 电流

电流的单位为安培（Ampere，A），符号为 I。这个单位是为了纪念法国数学家兼物理学家安培（Andre M. Ampere）先生对电学的贡献。当我们在导体上加上电压时，在导线内部的自由电子会沿着一定的方向流动而形成电流（current）。因此电流定义为在单位时间内通过导体截面积的电荷量，即：

$$I = \frac{Q}{t}$$

2-1-4 电阻

电阻的单位为欧姆（Ohm，Ω），符号为 R。这个单位是为了纪念德国物理学家欧姆（George Simon ohm）先生对电学的贡献。欧姆提出了有名的欧姆定律——导体两端的电压与通过导体的电流成正比，即：

$$R = \frac{V}{I}$$

按其制造材料的不同可分为碳膜电阻、可变电阻、热敏电阻、光敏电阻、水泥电阻等。体积较大的电阻（如水泥电阻）直接以数字标示其电阻值、误差百分率以及额定功率值等。体积较小的电阻器（如常用的碳膜电阻）以色环来表示，如表 2-3 所示为四环式色环电阻的表示法，从左到右按序为第一环表示十位数值，第二环表示个位数值，第三环表示倍数，第四环表示误差。例如，某一色环电阻从左到右的色环按序为棕、黑、橙、金，其电阻值为 $10 \times 10^3 \pm 5\% W = 10kW \pm 5\%$，电阻范围在 9.5kW~10.5kW 之间。

表 2-3　四环式色环电阻表示法

颜色		第一环（十位数）	第二环（个位数）	第三环（倍数）	第四环（误差）
黑		0	0	10^0	
棕		1	1	10^1	
红		2	2	10^2	
橙		3	3	10^3	
黄		4	4	10^4	
绿		5	5	10^5	
蓝		6	6	10^6	
紫		7	7	10^7	
灰		8	8	10^8	
白		9	9	10^9	
金				10^{-1}	±5%
银				10^{-2}	±10%
无					±20%

2-1-5 电能

电能的单位为焦耳（Joule，J），符号为 W。这个单位是为了纪念英国物理学家焦耳（James Prescott Joule）先生对电学的贡献。电能定义为单位正电荷从电路的一点移至另一点，电场作用力对电荷所做的功，即：

$$W = QV$$

2-1-6 功率

功率的单位为瓦特（Watt，W），符号为 P。这个单位是为了纪念英国发明家瓦特（James Watt）先生对工业革命的贡献。功率是指做功的比率，在电学上的定义为单位时间内所消耗的电能，即：

$$P = \frac{W}{t} = IV = I^2R = \frac{V^2}{R}$$

2-2 数字系统

在数字系统中为了提高电路运行的可靠性，常使用二进制（Binary，B）数字系统，有别于人们早已习惯的十进制（Decimal，D）数字系统。在二进制数字系统中仅含 0 与 1 两种数字数据，因此倍数符号的表示也与十进制数系统不同。表 2-4 所示为二进制数系统的倍数符号，每个符号间的倍数为 2^{10}。

表 2-4　二进制数字系统倍数符号

符号	中文名称	英文名称	倍数
T	太、兆兆、万亿	tera	2^{40}
G	吉、千兆、十亿	giga	2^{30}
M	兆	mega	2^{20}
K	千	kilo	2^{10}

2-2-1　十进制表示法

十进制数字系统使用 0、1、2、3、4、5、6、7、8、9 共 10 个阿拉伯数字来表示数值 N，且数值的最左方数字为最大有效位数（Most Significant Digital，MSD），而最右方数字为最小有效位数（Least Significant Digital，LSD）。在 Arduino 程序中，十进制数值不需要在数值前加上任何前置符号，例如十进制数值 1234 可表示为：

$$1234 = 1 \times 10^3 + 2 \times 10^2 + 3 \times 10^1 + 4 \times 10^0$$

2-2-2　二进制表示法

二进制数字系统使用 0、1 共两个阿拉伯数字来表示数值 N，且数值的最左方数字为最大有效位（Most Significant Bit，MSB），而最右方数字为最小有效位（Least Significant Bit，LSB）。在 Arduino 程序中，二进制的数值需在数值前加上前置符号"0b"，例如二进制数值 0b10001010 可表示为：

$$0b10001010 = 1 \times 2^7 + 0 \times 2^6 + 0 \times 2^5 + 0 \times 2^4 + 1 \times 2^3 + 0 \times 2^2 + 1 \times 2^1 + 0 \times 2^0 = 138$$

2-2-3　十六进制表示法

二进制数系统表示较大的数值时会因数字过长而不易阅读，常用十六进制（Hexadecimal，H）数字系统来表示。十六进制数字系统使用 0~9 十个阿拉伯数字及 A ~ F 六个英文字母共 16 个数字字母来表示数值 N，其中英文字母 A、B、C、D、E、F 分别对应十进制数字 10、11、12、13、14、15。在 Arduino 程序中，

十六进制数值需要在数值前加上前置符号"0x"，例如十六进制数值 0x1234 可表示为：

$$0x1234 = 1 \times 16^3 + 2 \times 16^2 + 3 \times 16^1 + 4 \times 16^0 = 4660$$

2-2-4 常用进位转换

表 2-5 所示为十进制、二进制、十六进制 3 种数字系统的常用进位转换。在计算机系统中，每一个二进制数表示一位（bit），每 8 位表示一个字节（byte），每 16 位表示一个机器字（word）。

表 2-5　数字系统常用进位转换

十进制	二进制	十六进制
0	0000	0
1	0001	1
2	0010	2
3	0011	3
4	0100	4
5	0101	5
6	0110	6
7	0111	7
8	1000	8
9	1001	9
10	1010	A
11	1011	B
12	1100	C
13	1101	D
14	1110	E
15	1111	F

2-3 认识基本手动工具

俗话说"工欲善其事，必先利其器"，在使用 Arduino 控制板进行电子电路实验或专题制作前，对基本手动工具要有一定程度的认识与熟练使用才能发挥事半功倍的效果。常用的基本手动工具有面包板、电烙铁、尖嘴钳、斜口钳及剥线钳等。

2-3-1 面包板

图 2-1 所示为大小规格是 85mm×55mm 的面包板（Bread Board），价格约为 10 元（人民币，后同），经常应用于学校教学或研究单位的电子电路实验上。使用者完全不需要使用电烙铁焊接，就可以直接将电子电路中所使用到的电子元件利用单芯线快速地完成接线，并且进行电路特性的测量，以验证电子电路功能的正确性。

面包板使用简单，具有快速更换电子元件或电路接线的优点，能有效地减少开发产品所需的时间。经由面包板实验成功后再绘制并制作印刷电路板（Printed Circuit Board，PCB），最后使用电烙铁将电子元件焊接在 PCB 上，以完成专题制作。

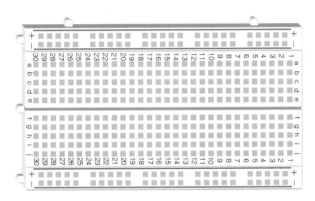

图 2-1　85mm×55mm 面包板

图 2-2 所示为面包板的内部结构，由长条形的铜片组成。其中，水平为电源正、负端接线处，各由 25 个插孔连接组成 100 孔；垂直为电路接线处，每 5 个插孔为一组，连接组成 300 孔，孔与孔的距离为 2.54mm。对于较大的电子电路，也可以利用面包板上、下、左、右侧的卡榫，轻松扩展组合成更大的面包板使用。在使用面包板进行电子电路实验时，应避免将过粗的单芯线或电子元件插入面包板插孔内，以免造成插孔松弛而导致电路接触不良的故障。如果所使用的单芯线或元件已经弯曲，就先使用尖嘴钳将其拉直，这样比较容易插入面包板的插孔。

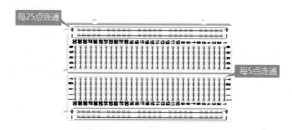

图 2-2　面包板内部结构

有时候使用如图 2-3 所示的 Arduino 原型（proto）扩展板和 45mm×35mm 小型面包板会比较方便。原型扩展板的所有引脚与 Arduino UNO 板的引脚完全兼容。可直接将元件焊接于原型扩展板上，或者将面包板以双面胶粘贴于扩展板上，再将元件插到面包板上。每个原型（proto）扩展板（含小型面包板）的售价约为 30 元。

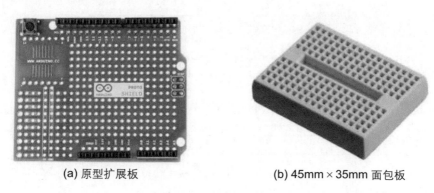

(a) 原型扩展板　　　　　　　　(b) 45mm×35mm 面包板

图 2-3　Arduino 原型扩展板

2-3-2　电烙铁

图 2-4 所示为电子用电烙铁，价格为 20~40 元，主要用于电子元件和电路的焊接，由烙铁头、加热丝、握柄和电源线 4 部分组成。电烙铁的工作原理是使用交流电源加热电热丝，并将热源传导至烙铁头来熔锡焊接。常用电烙铁电热丝最大功率规格有 30W、40W 等，所使用的烙铁头宜选用合金材料，每次焊接前先使用海绵清洁烙铁头才不会因焊锡氧化焦黑而不易焊接，造成冷焊，从而导致接触不良。

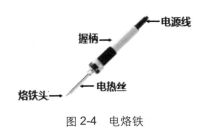

图 2-4　电烙铁

2-3-3　剥线钳

图 2-5 所示为电子用剥线钳，价格在 20~40 元之间。剥线钳同时具有剥线、剪线、压接等多项功能，购买时要根据自己所使用的线材规格选用合适的剥线钳。

图 2-5　剥线钳

2-3-4　尖嘴钳

图 2-6 所示为电子用尖嘴钳，价格在 20~40 元之间。一般使用尖嘴钳来平整电子元件或单芯线，并将电子元件或单芯线插入面包板或 PCB 中，不但可以使电路排列整齐美观，而且维修也很容易。

图 2-6　尖嘴钳

2-3-5 斜口钳

图 2-7 所示为电子用斜口钳，价格在 20~40 元之间。一般使用斜口钳来剪除多余的电子元件引脚或过长的单芯线头。斜口钳应避免用来剪除较粗的单芯线，以免造成斜口处的永久崩坏。单芯线又称为实心线，是由单一铜线导体和绝缘层组成的，美标的常用标准线为 AWG（American Wire Gauge），单位以英寸（inch）表示，国际通用标准线的线径单位一般以毫米（mm）表示。一般电子电路所使用的单芯线的线规为 24 AWG（0.5mm）或 26 AWG（0.4mm）。

图 2-7　斜口钳

2-4 认识万用表

图 2-8 所示为万用表（又称为三用电表或万用电表），可以分为指针式和数字式两种，初学者使用数字式万用表会比较容易。所谓万用表，是指可测量电压、电流和电阻 3 种数值的电表。

(a) 指针式万用表　　　　　　　　　　　(b) 数字式万用表

图 2-8　万用表

万用表除了可以测量交流电压（ACV）、直流电压（DCV）、直流电流（DCmA）和电阻值（W）外，还可以测量二极管引脚、晶体管引脚、电容值、温度和频率等。在电子实验中经常使用万用表来测量电路的电压和电流。图 2-9 所示为一个串联电路，按欧姆定律可知电路总电流 I 和 V_2 的电压分别如下：

$$I = \frac{E}{R_1 + R_2 + R_3} = \frac{3}{1k + 1k + 1k} = 0.1mA$$

$$V_2 = IR_2 = 0.1mA \times 10k\Omega = 1V$$

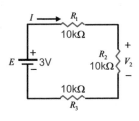

图 2-9　串联电路

2-4-1　电压的测量

图 2-10 所示为测量电压的电路。使用万用表测量元件端的电压时，万用表必须与待测元件"并联"。测量时先将万用表切换至适当的直流电压挡位，再将红色表笔接元件的电压正极，黑色表笔接元件的电压负极，表头的读值就是待测元件两端的电压值。

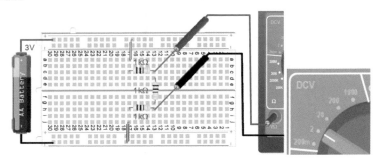

图 2-10　测量电压的电路

2-4-2　电流的测量

使用万用表测量流过元件的电流时，万用表必须与待测元件"串联"，如图 2-11 所示。测量电流前首先要移出待测元件一端的引脚，接着将万用表切换至直流电流最大挡位，最后将红色、黑色表笔按图 2-11 所示接好测量电流的电路。如果待测电流太小或太大，就必须切换直流电流挡至适合的挡位。因为电流挡的内阻很小，使用时应避免将电表与待测元件"并联"，以免烧毁表头。

图 2-11   测量电流的电路

2-4-3 电阻的测量

使用万用表测量电阻器的电阻值时，万用表必须与待测元件"并联"，如图 2-12 所示。测量电阻前先将万用表切换至欧姆，再进行欧姆归零的调整，最后将红色和黑色表笔分别连接至电阻器两端。如果待测电阻值太小或太大，就必须切换欧姆挡至适当的挡位。

图 2-12   测量电阻的电路

2-5 认识基本电子元件

表 2-6 所示为基本电子元件（electronic component）的符号和外观。电子元件的外观会因为制造厂商和使用规格的不同而有细微的差异，但基本上大致相同。除了认识电子元件符号及其外观外，如果能够进行简单的元件功能特性实验，必定能更加了解电子元件的特性，在设计互动作品时才能更加得心应手。有关电子元件的特性说明，请参考相关电学书籍。

表 2-6　基本电子元件的符号和外观

电子元件名称	符号	外观
直流电源		
滑动开关		
按键开关		
电阻器（或简称电阻）		
可变电阻		
热敏电阻		
光敏电阻		
陶质电容		
电解电容		
二极管		
发光二极管		
NPN 晶体管（也称为三极管）		
PNP 晶体管（也称为三极管）		

NOTE

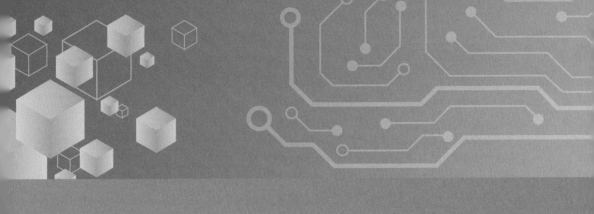

第 3 章
自动机器人实习

3-1 认识机器人

机器人（Robot）一词最早出现在 1920 年，由捷克人卡雷尔·恰佩克（Karel Capek）编写的科幻舞台剧《罗萨姆的万能机器人》（Rossum's Universal Robots），但是当时还没有真正的机器人。早期的工业机器人利用电子电路或计算机程序来控制人造机器设备，取代或协助人类执行精细、粗重、危险或重复的工作和任务。科技的快速进步，高度集成了电子、电机、机械、计算机以及人工智能等领域的技术，机器人才开始成为人类身体的一部分，用来增强人类身体的能力。

机器人的运动方式大致上可以分为轮型机器人以及二足、四足、六足等多足型机器人。日本近年致力于机器人的开发和设计，如图 3-1(a) 所示为日本软银公司开发设计的 pepper 轮型机器人，图 3-1(b) 所示为日本 HONDA 开发设计的 ASIMO 二足型机器人，图 3-1(c) 所示为日本 SONY 公司开发设计的 AIBO 四足型机器人。轮型机器人具有快速移动的优点，而足型机器人具有机动性、可步行于危险环境、跨越障碍物以及可上下台阶等优点。本书主要着重于轮型自动机器人（后文都简称为自动机器人）的制作技术。

(a) pepper 轮型机器人　　　(b) ASIMO 二足型机器人　　　(c) AIBO 四足型机器人

图 3-1　不同足型的机器人

3-2 认识自动机器人

早期工厂的生产和物料管理完全依赖人力，不但没有效率而且容易出错，对于较危险的工作场合，更加有生命安全上的顾虑。现在自动机器人已普及应用在各行各业，图 3-2(a) 所示为家用智能型自动吸尘器，只需按下启动按钮，即可自动清理家中地板上的灰尘。图 3-2(b) 所示为自动洗地车，常应用于百货公司、大卖场等大型商场，可以有效节省人力，提升工作效率。图 3-2(c) 所示为自动仓储管理系统，常应用于仓库、药厂等大型企业，只要在中央控制系统下达取件、送件指令，即可快速完成取件、送件动作。

(a) 自动吸尘器　　　　　(b) 自动洗地车　　　　　(c) 自动仓储系统

图 3-2　自动机器人

　　欧、美、日等发达国家或地区已将自动机器人普遍应用于自动化生产，如汽车、半导体、3C 电子、食品加工等领域。使用无人驾驶和自动导引的方式使车辆运行在设置的轨道上称为无人搬运车（Automated Guided Vehicle，AGV，或称为自动导引车），AGV 的主要动力来源是电池，最大载重量可至数百吨。按其引导方式可分为有线式和无线式两种，图 3-3(a) 所示为有线式无人搬运车，使用电磁、磁带、色带、标线等方式引导。图 3-3(b) 所示为无线式无人搬运车，使用电磁感应、激光、磁铁 - 陀螺等方式引导。

(a) 有线式　　　　　　　　　　　　(b) 无线式

图 3-3　无人搬运车

3-3　认识自动机器人的部件

　　几十年前要制作一台自动机器人，不但技术复杂而且价贵昂贵。随着开放源码（open-source）Arduino 的出现，内建了多样化的函数（function），从而简化了周边部件的底层控制程序。另外，网络上也提供了相当丰富的共享资源，让你可以快速又简单的制作一台 Arduino 自动机器人。

　　自动机器人包含 Arduino 控制板、马达驱动模块、马达部件和电源电路 4 个部分，其中马达部件包含减速直流马达、固定座和车轮。市面上现有的自动机器

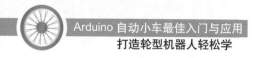

人大致可以分成两种，一种为使用独立的 Arduino 控制板、马达驱动模块、马达部件和电源模块连接组合而成。另一种为将所需模块预先制成 PCB 板车体，再配合车轮、马达等部件连接组合而成。无论使用哪一种方式，只要上传（upload）软件后，都可以顺利完成自动机器人的功能。另外，我们也可以根据自己的需求来增加新的控制模块，例如红外线循迹模块、红外线遥控模块、蓝牙模块、超声波模块、RF 模块、XBee 模块、Ethernet 模块及 Wi-Fi 模块等，来实现各种不同控制方式的自动机器人。

3-3-1 Arduino 控制板

如果自动机器人没有微控制器，如同人没有大脑，就只是一堆机器零件组成的设备，毫无用处。图 3-4 所示为自动机器人所使用的大脑——Arduino UNO 控制板，内部使用了 ATmega328 微控制器，在控制板上第二个微控制器 ATmega16u2 的作用是用来处理 USB 的传输通信。其他版本的 Arduino 控制板采用 8051、PIC 等微控制器，也能用来控制自动机器人的行走。

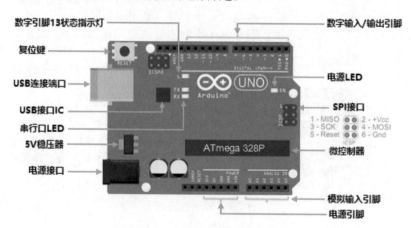

图 3-4　Arduino UNO 控制板

Arduino UNO 板使用 16 MHz 的石英晶体振荡器，有一个标准的 USB 端口和一个 UART 硬件串行口 RX（数字引脚 0）、TX（数字引脚 1）。内部包含 14 只数字输入/输出引脚（0~13，其中 3、5、6、9、10、11 共 6 只引脚可用于输出 PWM 信号）。另有 6 只模拟输入引脚（A0~A5），每只模拟输入引脚内含 10 位的 ADC 转换器，最小精度为 5V/210@5mV，6 只模拟输入引脚不用时，也可以当作数字引脚 14~19 使用。Arduino 控制板内建 5V 稳压器，可以将电源接口的输入电压稳定为 5V，以便为 Arduino 控制板供电。市售的原厂 Arduino UNO 板约 140 元，Arduino

UNO 的兼容板售价约 60 元。

3-3-2 马达驱动模块

Arduino UNO 板输出电流只有 25mA，无法直接驱动直流马达，必须使用马达驱动芯片（IC）来驱动直流马达，常用的马达驱动芯片有 ULN2003、ULN2803、L293、L298 等。图 3-5 所示为市售马达驱动模块，使用 L298 双 H 桥（dual full-bridge）驱动芯片，可以用来驱动继电器、直流马达以及步进马达等负载。内含 4 组半桥式输出，每组输出驱动电流达 1A，总输出电流最大可达 4A。市售马达驱动模块约 30 元。

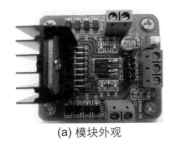

(a) 模块外观   (b) 引脚图

图 3-5 马达驱动模块

马达驱动电路

图 3-6 所示为马达驱动电路，使用如图 3-6(a) 所示的 L298 驱动芯片，内部不含保护二极管，必须外接。如图 3-6(b) 所示为马达驱动电路图，黑色数字引脚为驱动第一组直流马达的引脚，红色数字引脚为驱动第二组直流马达的引脚。

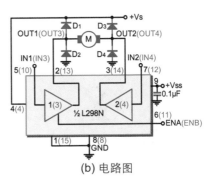

(a) L298 驱动芯片   (b) 电路图

图 3-6 马达驱动电路

马达电源电压输入（Power Supply，V_S）最高可达 46V，逻辑电源电压输入（Logic Power Supply，V_{SS}）在 5V~7V 之间，且所有的输入基准电压都与 TTL 兼容。Arduino UNO 板的输出可以直接连接至马达驱动模块，低电位输入电压范围在 -0.3V~1.5V 之间，高电位输入电压范围在 2.3V~Vss 之间（原书缺少电压的上限值，请原作者确认）。

L298 马达驱动芯片有 IN1、IN2、IN3 及 IN4 共 4 个输入引脚，将输出 OUT1、OUT2 以及 OUT3、OUT4 分别连接一个直流马达，就可以控制两组直流马达的转向和转速。表 3-1 所示为马达驱动模块的控制方式，只要改变输入电压的极性，就可以控制直流马达的转向。若将 PWM 信号输入至 L298 的启用引脚 ENA、ENB，就可以控制直流马达的转速。使用 PWM 信号控制直流马达转速时，PWM 信号的电压平均值必须大于马达启动所需的最小直流电压，以克服马达的静摩擦力，马达才能转动。

表 3-1　马达驱动模块的控制方式

ENA (ENB)	IN1 (IN3)	IN2 (IN4)	功能
H	H	L	正转
H	L	H	反转
H	H	H	马达停止
H	L	L	马达停止
L	Î	Î	马达停止

3-3-3　马达部件

自动机器人如果没有马达部件，就没有办法运行自如，自动机器人常使用直流（DC）马达、步进（STEP）马达或伺服（SERVO）马达，各有优、缺点。本书使用如图 3-7 所示的马达部件，包含微型金属减速直流马达、马达固定座和车轮等部件。

(a) 微型金属减速直流马达

(b) 马达固定座和车轮

图 3-7　马达部件

1. 微型金属减速直流马达

表 3-2 所示为微型金属减速直流马达的主要规格，具有体积小、扭矩大、低耗电、全金属齿轮耐用不易磨损等优点。以使用 1:50 减速比的马达为例，在电源电压为 12V 时，其空载转速每分钟 600 转（rotation/minute，rpm/min），加车轮负载转速为 480rpm/min，额定电流为 300mA。如果使用不同的电源电压，可按比例计算转速和额定电流，以选择合适的电源容量。每个微型金属减速直流马达的售价约30 元。

表 3-2　微型金属减速马达

电压 DCV	空载转速 rpm/min	负载转速 rpm/min	额定扭矩 Kg/cm	额定电流 mA	减速比 1:n
3	150	100	0.10	80	1:50
3	75	60	0.15	80	1:100
3	50	40	0.20	60	1:150
6	300	240	0.2	160	1:50
6	150	120	0.3	160	1:100
6	100	80	0.4	160	1:150
12	600	480	0.4	300	1:50
12	300	240	0.5	300	1:100
12	200	160	1.0	300	1:150

2. 马达固定座和车轮

马达固定座必须配合直流马达的规格，才能安装牢固。车轮的选用要考虑到承载重量和摩擦系数。本书使用 N20 马达固定座和 D 字接头、直径 43mm 的橡皮车轮两组。市售每个 N20 马达固定座为 5 元，每个橡皮车轮为 12 元。

3-3-4　万向轮

自动机器人按照其使用的车轮数量可分为三轮式自动机器人和四轮式自动机器人两种，根据其驱动方式可分为二轮驱动、三轮驱动和四轮驱动等多种。无论使用何种组合，最少都必须使用两组马达来驱动，才能控制自动机器人的转向和转速。市售每个万向轮的售价约 17 元。

1. 三轮式自动机器人

图 3-8(a) 所示为三轮式自动机器人的车体，使用两组减速直流马达和一个万向

轮组成。图 3-8(b) 所示的万向轮是由 4 个小钢球和 1 个直径 12mm 的不锈钢大钢球组成，长时间使用不会生锈，而且运转顺畅。图 3-8(c) 所示为另一种万向轮，其运转不够顺畅，尤其是在自动机器人转向后，常会卡住而无法回正直行。

万向轮除了用来支撑车体外，还可保持自动机器人行走顺畅，一般会将万向轮安装于车体前方、后方，或前后方同时安装。

(a) 车体　　　　　　　　(b) 万向轮　　　　　　　(c) 万向轮

图 3-8　三轮式自动机器人

2. 四轮式自动机器人

常见的四轮式自动机器人如图 3-9(a) 所示，使用两组减速直流马达和 4 个车轮组成；或者如图 3-9(b) 所示的 Arduino 官方开发设计的四轮式自动机器人，使用两组减速直流马达和两个万向轮组成，且电路已预制于车体的 PCB 中。

(a) 车体　　　　　　　　　　(b) Arduino 官方开发设计

图 3-9　四轮式自动机器人

3-3-5　电源电路

在电源电路中最重要的部件是电池（battery），电池是制作 Arduino 机器人不可或缺的部件，尤其电池的续航能力更是决定机器人生命周期的重要因素。电池是一种将化学能转换成电能，并且将电能存储起来提供外部电路使用的一种供电装置。电池所存储的容量称为电荷量，以符号 Q 表示，单位为库伦（Coulomb，C）。电荷量与通过导体的电流与时间均成正比，电流以符号 I 表示，单位为安培（Ampere，A），而时间以符号 t 表示，单位为秒（second，s），$Q=I \times t$。在日常生活中，为了让人们更容易了解，常以毫安小时（mAh）来表示电池容量，例如 2000mAh 的电池容量在负载电流 500mA 连续使用下，可以使用 4 小时。电池按使用的次数可分成一次性（primary）电池（原电池）与二次（secondary）电池（即充电电池）。

1. 一次性电池

图 3-10 所示为常见的一次性电池，又称为化学电池，如干电池或碳锌（Zinc-carbon）电池、汞（Mercury，即水银）电池与碱性（Alkaline）电池等。所谓一次性电池，又称为原电池或化学电池，是指只能被使用一次的电池，当内部的化学物质都发生了化学变化后，就不可能再使用了。一次性电池具有价格便宜、制造容易、自放电率低、携带方便等优点，是目前产量最高、用途最广的电池，其缺点是容量太小。

(a) 碳锌电池　　　　　　　　(b) 汞电池　　　　　　　　(c) 碱性电池

图 3-10　一次性电池

2. 二次电池

图 3-11 所示为常见的二次电池，又称为充电（chargeable）电池，如镍镉（NiCd）电池、镍氢（NiMH）电池、锂离子（Li-ion）电池及大容量 18650 锂电池。

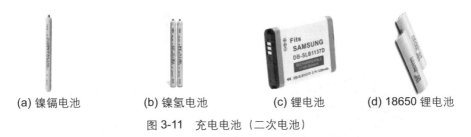

(a) 镍镉电池　　　　(b) 镍氢电池　　　　(c) 锂电池　　　　(d) 18650 锂电池

图 3-11　充电电池（二次电池）

二次电池是指可以被重复使用的电池。通过充电的过程，使电池内的活性物质恢复到原来状态，再度提供电力。二次电池的缺点是价格较高。

镍镉电池输出电压约 1.2V，有强烈的记忆效应，容量较低且含有有毒物质，对环境有害，早已被淘汰。所谓"记忆效应"，是指电池电力还没完全用完，就对其进行充电，电池会记忆当前的电力位置，虽然充满 100% 电力，但以后电力用到

所记忆的位置时，就会发生和没电一样的情况。所记忆的电力位置会越来越高，致使可充电的容量越来越少。

镍氢电池的输出电压约 1.2V，有轻微的记忆效应，容量比镍镉电池和碱性电池大，可循环充放电百次至两千次。镍氢电池大部分特性和镍镉电池一样，只是将有毒的镉金属换成可以吸收氢的金属。镍氢电池的缺点是有很高的自放电率，所谓"自放电率"，是指充满电的镍氢电池放着不用时，电力自动放电的比率。

锂离子电池输出电压为 3.6~3.7V，具有重量轻、容量大、自放电率低、不含有毒物质、无记忆效应等优点，因此被普遍应用于许多 3C 电子产品中。但锂离子电池相对价格较高，而且还有很高的自爆危险。为了避免"自爆危险"的发生，锂电池必须要加入保护电路，以防止发生过充或过热的现象。

一般 Arduino 自动机器人常使用镍氢电池或锂电池来提升自动机器人的续航力。如果要增加输出电压，可以串联数个电池；如果要增加输出电流，可以并联数个电池，但会增加车体的重量。

3. DC-DC 升压模块

Arduino UNO 板使用 AMS1117-5.0 电压调整器（voltage regulator，或称为稳压器），正常稳压的条件为 1.5V ≤（VIN – VOUT）≤ 12V，输出电压为 +5V。马达驱动模块使用 78M05 电压调整器，正常稳压条件为 2V ≤（VIN – VOUT）≤ 20V，输出电压为 +5V。一般充电电池的输出约 1.2V，如果要有 +5V 输出 VOUT，那么至少需要使用 6 个充电电池才能正常稳压，但会增加车体的重量，降低车子的续航能力。

我们可以使用 4 个充电电池得到 4.8V 电压，配合如图 3-12 所示的 DC-DC 升压模块，将其升压至 9V 后再提供给 Arduino UNO 板和马达驱动模块使用。DC-DC 升压模块使用 LM2577 升压芯片，输入电压在 3.5V~40V 之间，输出可调电压在 4V~60V 之间，最大输入电流 3A，最高效率达 92%。市售 DC-DC 升压模块约 24 元。

(a) 模块外观

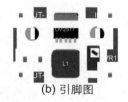
(b) 引脚图

图 3-12　DC-DC 升压模块

DC-DC 升压模块的输出电压可以由 SVR1 调压来得到，顺时针调整则输出电压增加，逆时针调整则输出电压减少，必须注意 DC-DC 升压模块的输出电压不可以小于输入电压，否则会造成 LM2577 芯片损毁。

4. DC-DC 升压电路

图 3-13 所示为 DC-DC 升压电路，使用 LM2577S-ADJ 升压调整器（Step-Up Voltage Regulator，或称为升压稳压器）组成开关电源（Switcher 或 Switch Power）。DC-DC 升压电路的输入电压 VIN 范围在 3.5V~40V 之间，输入最大电流为 3A。输出电压 VOUT=1.23(1+R1/R2)，可调范围在 4V~60V 之间，其中 R1 为可变电阻 SVR1 调整值。编号 SS34 的元件为肖特基（schottkey）整流二极管，主要的特性是导通电压低、切换速度快。当 LM2577 内部的 NPN 晶体管导通时，输入电压 VIN 对 L1 电感器充电储能；当 NPN 晶体管截止时，L1 电感器经由 SS34 整流器对 C4 充电。R3 电阻器和 C3 电容器的主要目的是维持输出电压的稳定。

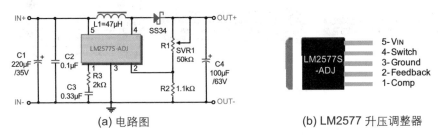

(a) 电路图   (b) LM2577 升压调整器

图 3-13　DC-DC 升压电路

何谓 开关电源？

与传统线性电源相比，开关电源（switch power）的效率更高（效率定义为输出功率与输入功率之比，即 h=Po/Pi）。内部 NPN 晶体管工作于开关模式，消耗功率低，不需要使用大功率晶体管和大型散热器，因此体积和重量都比传统线性电源小而轻。另外，开关电源的输出电流也比传统线性电源大。开关电源最大的缺点是噪声大，这是因为开关电源工作时，使用数十 kHz 高频切换晶体管的开与关，和传统线性电源 60Hz 的频率相比要高出很多，因此必须妥善处理对周围设备所造成的干扰。

3-3-6 杜邦线

杜邦线经常被用于学校教学实验上，可以与面包板或模块配合使用，以省去焊接的麻烦，快速完成电子电路的连接和进行电路功能的验证。

1. 接头类型

图 3-14 所示为杜邦线的接头类型，可分成插头对插头、插头对插座、插座对插座 3 种类型。使用者可根据 Arduino 控制板与所连接的面包板或模块的接头类型，选择适当的杜邦线来使用。

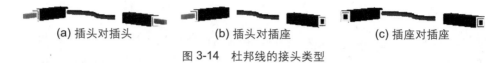

(a) 插头对插头　　　　(b) 插头对插座　　　　(c) 插座对插座

图 3-14　杜邦线的接头类型

2. 组合数量

图 3-15 所示为杜邦线的组合，可分成 1pin、2pin、4pin、8pin 四种组合。另外，杜邦线也有 10cm、20cm、30cm 等多种长度可选择，可根据实际需求来购买或自制。杜邦线的接线常按色码的颜色顺序排列，以方便识别。

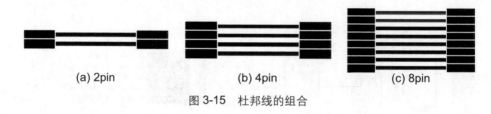

(a) 2pin　　　　　(b) 4pin　　　　　(c) 8pin

图 3-15　杜邦线的组合

3-3-7　Arduino 周边扩展板

当我们要将 Arduino 控制板连接到其他周边部件或模块时，常常需要花很多时间将复杂的电路连接起来。在连接多个传感器模块时，因为每个传感器模块都需要用到 5V 或 3.3V 电源及 GND 接地引脚，而 Arduino 控制板上只有一个 5V 电源、一个 3.3V 电源和两个 GND 接地引脚，不足以提供给所有模块使用，因此有必要扩充电源的引脚。如图 3-16 所示为常用的 Arduino 周边扩展板，可分成传感器扩展板（Sensor Shield）和原型扩展板（Proto Shield）两种。

(a) 传感器扩展板　　　　　　　　　(b) 原型扩展板

图 3-16　Arduino 周边扩展板

1. 传感器扩展板

图 3-16(a) 所示为传感器扩展板，适用于 Arduino UNO 板，含 14 组 3-pin

（Signal、Vcc、GND）数字 I/O、6 组 3-pin（Signal、Vcc、GND）模拟 I/O、1 组并行 LCD 接口、1 组串行 LCD 接口等。另外，传感器扩展板还包含 TTL（RS-232/COM）、I2C、SD 卡、蓝牙模块、APC220 无线射频模块等通信接口。利用传感器扩展板可以让复杂的电路简单化，并且轻松快速地完成互动作品。

2. 原型扩展板

图 3-16(b) 所示为原型扩展板，适用于 Arduino UNO 板，使用时只需将原型扩展板与 Arduino UNO 板组合连接即可，引脚完全兼容。原型扩展板除了可以在万孔板上自行设计、焊接电路外，也可以在上面添加一个 45mm×35mm 小型面包板，因为面包板可以重复使用，从而使设计更加有弹性。

3-4 制作自动机器人

图 3-17 所示为自动机器人的电路接线图，包含 Arduino 控制板、马达驱动模块、马达部件和电源电路 4 个部分。

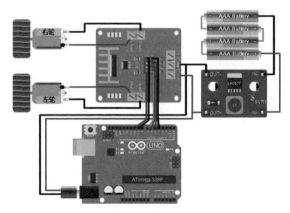

图 3-17　自动机器人的电路接线图

1. Arduino 控制板

Arduino 控制板为控制中心，读取如红外线接收模块、超声波模块、蓝牙模块、RF 模块、XBee 模块或 WiFi 模块等通信模块的输出信号。Arduino 板再根据所读取的信号，驱动左、右两组减速直流马达，使车子能够执行前进、后退、右转、左转、加速、减速及停止等行走动作。本章并未使用任何通信模块，主要目的在于进行自动机器人的直线校正，这是因为相同规格的直流马达的特性仍有细微差异，造成两轮间的转速差，因此有必要进行转速调整，才能让自动机器人直线前进。

2. 马达驱动模块

马达驱动模块使用 L298 驱动芯片来控制两组减速直流马达，其中 IN1、IN2 输入信号控制左轮转向，而 IN3、IN4 输入信号控制右轮转向。另外，Arduino 控制板输出两组 PWM 信号连接到 ENA 和 ENB，分别控制左轮和右轮的转速。因为马达有最小的启动扭矩电压，所输出的 PWM 信号平均值不可太小，以免无法驱动马达转动。PWM 信号只能微调马达转速，如果需要较低转速，可改用较大减速比的减速直流马达。

3. 马达部件

马达部件包含两组 300rpm/min（测试条件：6V）的金属减速直流马达、两个固定座、两个 D 型接头 43mm 橡皮车轮和一个万向轮，橡皮材质的轮子比塑料材质的轮子摩擦力大而且易于控制。

4. 电源电路

电源模块包含 4 个 1.5V 一次性电池或 4 个 1.2V 充电电池及 DC-DC 升压模块，调整 DC-DC 升压模块中的 SVR1 可变电阻，使其输出升压至 9V，再将其输出分别连接 Arduino 控制板和马达驱动模块以给它们供电。如果使用的是两个 3.7V 的 18650 锂电池，就不需要再使用 DC-DC 升压模块了。每个容量 2000mAh 的 1.2V 镍氢电池的售价约 18 元，每个容量 3000mAh 的 18650 锂电池的售价约 50 元。

3-4-1 车体制作

图 3-18 所示为市售自动机器人，每台单价约 1000~1400 元，已将红外线循迹模块、马达驱动模块、马达部件、电源电路等模块预制成 PCB 车体。有些还会将周边部件如 LCD 显示器、蜂鸣器、LED 电路、按键电路等一并预制在 PCB 车体中。利用预制 PCB 车体的方法，可以节省复杂电路的组装时间，只需专注于软件控制程序的编写。但是因为周边部件与 Arduino 微控制器引脚的接线已经固定，所以设计弹性相对较小。

(a) Pololu 3pi 自动机器人　　(b) Parallax 自动机器人　　(c) Arduino 官方自动机器人

图 3-18　市售自动机器人

1. 自制三轮自动机器人

图 3-19 所示为使用亚克力板裁切刀手
工裁切的自制三轮自动机器人，亚克力板最
好使用 3mm 以上的厚度，在使用亚克力板
专用裁切刀切割制作自动机器人时，比较不
容易断裂。但是亚克力板也不宜太厚，否则
将会增加车体的重量，而且切割较费力。

完成三轮自动机器人的车体制作后，将
两个减速直流马达和一个万向轮固定在车体
上，马达与万向轮的间距必须调整好，才不
会造成车体向前倾。在 Arduino 板的下方放

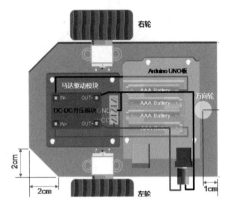

图 3-19　自制三轮自动机器人

置 AAA 电池座，可以放置 4 个 1.5V 一般电池或 4 个 1.2V 充电电池，以产生 6V
或 4.8V 的直流电压输出，将其输出端连接至 DC-DC 升压模块的输入端 IN+、IN-。

调整 DC-DC 升压模块的可变电阻器，使 OUT+、OUT- 两端电压为 9V，提供
电源给 Arduino 控制板和直流马达驱动模块使用。因为 Arduino 控制板和直流马达
驱动模块的内部都有 5V 电压调整器，可以自行稳压为 5V。使用适当高度的铜柱
将 Arduino 控制板架设在电池模块上面，DC-DC 升压模块则架设在马达驱动模块
上面或下面。在 Arduino 控制板上连接面包板原型扩展板后，就可以连接其他周边
配件或部件了。

2. 自制四轮自动机器人

图 3-20 所示为使用亚克力板裁切机自动裁切的自制四轮自动机器人，使用机
器裁切的好处是可以切割成各种不同的形状，但设备成本较高。整个车体分成上、
下两层，图 3-20(a) 所示为车体下层底座，可供放置两组减速直流马达、两个万向
轮、马达驱动模块、4 个 AAA 电池座和红外线循迹模块等。图 3-20(b) 所示为车体
上层，使用透明的亚克力板，可供放置 Arduino 控制板、伺服马达、面包板原型扩
展板等，其中面包板原型扩展板可供放置红外线接收模块、XBee 模块、RF 模块、
蓝牙模块或其他周边模块（如按键开关模块、声音模块、温度模块、湿度模块、
LED 模块、LCD 模块等）。

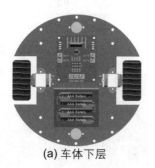

(a) 车体下层

(b) 车体上层

图 3-20　自制四轮自动机器人

3-4-2 行走原理

　　自动机器人使用两个减速直流马达来控制左轮和右轮的行走，另外使用一个万向轮来维持车子的平衡，有些自动机器人也会使用伺服马达来控制左轮和右轮，但其转速较慢而且价格较高。以直流马达而言，当马达正极接高电位，马达负极接低电位时，马达正转；反之当马达正极接低电位，马达负极接高电位时，马达反转。我们虽然选用两个相同规格的减速直流马达，但是工厂大量生产可能会造成两个马达的转速有细微的差异，导致自动机器人在前进或后退时，因为两轮的转速差造成非直线运动。解决方法是利用 Arduino 控制板送出 PWM 信号，来微调左轮和右轮的转速，但是要注意所输出的 PWM 信号平均值必须大于马达的最小启动电压，才能克服马达的静摩擦力，使马达转动。自动机器人行走方向的控制策略说明如下：

1. 前进

　　图 3-21 所示为自动机器人前进的控制策略，当自动机器人要向前行走时，左轮必须反转使其向前运动，右轮必须正转使其向前运动，且两轮转速相同，自动机器人才会直线前进。

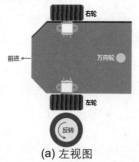

(a) 左视图

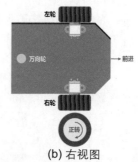

(b) 右视图

图 3-21　自动机器人前进的控制策略

2. 后退

图 3-22 所示为自动机器人后退的控制策略,当自动机器人要向后行走时,左轮必须正转使其向后运动,右轮必须反转使其向后运动,且两轮转速相同,自动机器人才会直线后退。

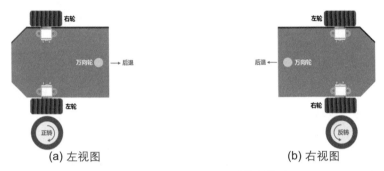

(a) 左视图 (b) 右视图

图 3-22　自动机器人后退的控制策略

3. 右转

图 3-23 所示为自动机器人右转的控制策略,当自动机器人要向右行走时,左轮必须反转使其向前运动,而右轮必须停止或反转使其停止或向后运动,自动机器人才会右转。

(a) 左视图 (b) 右视图

图 3-23　自动机器人右转的控制策略

4. 左转

图 3-24 所示为自动机器人左转的控制策略,当自动机器人要向左行走时,左轮必须停止或正转使其停止或向后运动,而右轮必须正转使其向前运动,自动机器人才会左转。

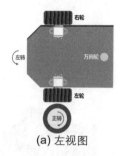

(a) 左视图

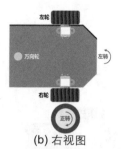

(b) 右视图

图 3-24　自动机器人左转的控制策略

综合上述说明，我们可以将自动机器人的行走方向分成表 3-3 所示的前进、后退、快速右转、慢速右转、快速左转、慢速左转及停止 7 种控制策略。

表 3-3　自动机器人行走方向的控制策略

控 制 策 略	左轮	右轮
前进	反转	正转
后退	正转	反转
快速右转	反转	反转
慢速右转	反转	停止
快速左转	正转	正转
慢速左转	停止	正转
停止	停止	停止

5. 旋转半径

以自动机器人右转为例，图 3-25(a) 所示的快速右转是左轮反转、右轮反转的动作，旋转速度快、旋转半径小。图 3-25(b) 所示的慢速右转是左轮反转、右轮停止的动作，旋转速度慢、旋转半径大。可根据实际用途选用合适的旋转速度和半径。

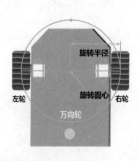

(a) 快速右转（左轮反转、右轮反转）

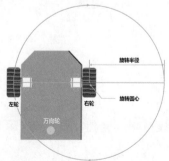

(b) 慢速右转（左轮反转、右轮停止）

图 3-25　自动机器人的旋转半径

3-4-3 直线行走测试实习

因为自动机器人还没有配备任何传感器，无法感测外界的信息，本节只是利用 Arduino 控制板输出信号来控制自动机器人前进和后退的直线行走。

☐ **功能说明：**

使用 Arduino 控制板控制自动机器人前进 2 秒、停止 2 秒、后退 2 秒、停止 2 秒，之后再重复相同的动作。因为左、右轮有转速差，必须利用 PWM 信号来微调两轮的转速，以保持自动机器人前进、后退的直线性。

程序：ch3_1.ino

```
const int negR=4;     // 右轮马达负极。
const int posR=5;     // 右轮马达正极。
const int negL=6;     // 左轮马达负极。
const int posL=7;     // 左轮马达正极。
const int pwmR=9;     // 右轮马达转速控制。
const int pwmL=10;                     // 左轮马达转速控制。
// 设置初值
void setup()                           // 初始化。
{
    pinMode(posR,OUTPUT);      // 设置数字引脚 4 为输出端口。
    pinMode(negR,OUTPUT);      // 设置数字引脚 5 为输出端口。
    pinMode(posL,OUTPUT);      // 设置数字引脚 6 为输出端口。
    pinMode(negL,OUTPUT);      // 设置数字引脚 7 为输出端口。
    pinMode(pwmR,OUTPUT);      // 设置数字引脚 9 为输出端口。
    pinMode(pwmL,OUTPUT);      // 设置数字引脚 10 为输出端口。
}
// 主循环
void loop()
{
        forward(190,200);     // 前进：左、右轮转速按实际情况调整。
        delay(2000);   //2 秒。
        pause(0,0);           // 停止。
        delay(2000);   //2 秒。
        back(190,200); // 后退：左、右轮转速按实际情况调整。
        delay(2000);   //2 秒。
        pause(0,0);           // 停止。
        delay(2000);   //2 秒。
}
// 前进函数
void forward(byte RmotorSpeed, byte LmotorSpeed)
```

```
        {
                analogWrite(pwmR,RmotorSpeed);          // 右轮转速。
                analogWrite(pwmL,LmotorSpeed);          // 左轮转速。
                digitalWrite(posR,HIGH);        // 右轮正转。
                digitalWrite(negR,LOW);
                digitalWrite(posL,LOW);         // 左轮反转。
                digitalWrite(negL,HIGH);
        }
        // 后退函数
        void back(byte RmotorSpeed, byte LmotorSpeed)
        {
                analogWrite(pwmR,RmotorSpeed);          // 右轮转速。
                analogWrite(pwmL,LmotorSpeed);          // 左轮转速。
                digitalWrite(posR,LOW);         // 右轮反转。
                digitalWrite(negR,HIGH);
                digitalWrite(posL,HIGH);        // 左轮正转。
                digitalWrite(negL,LOW);
        }
        // 停止函数
        void pause(byte RmotorSpeed, byte LmotorSpeed)
        {
                analogWrite(pwmR,RmotorSpeed);          // 右轮转速。
                analogWrite(pwmL,LmotorSpeed);          // 左轮转速。
                digitalWrite(posR,LOW);         // 右轮停止。
                digitalWrite(negR,LOW);
                digitalWrite(posL,LOW);         // 左轮停止。
                digitalWrite(negL,LOW);
        }
```

练习

1. 设计 Arduino 自动机器人程序，使自动机器人慢速前进 2 秒、停止 1 秒、慢速
   后退 2 秒、停止 2 秒，之后重复相同的动作。

2. 设计 Arduino 自动机器人程序，使自动机器人快速前进 2 秒、快速后退 2 秒、
   停止 2 秒、慢速前进 2 秒、慢速后退 2 秒、停止 2 秒，之后重复相同的动作。

3-4-4 转弯测试实习

因为自动机器人还没有配备任何传感器，无法感测外界的信息，本节只是利用
Arduino 控制板输出信号来控制自动机器人的左转和右转的转弯。

☐ **功能说明：**

利用 Arduino 控制板输出信号来控制自动机器人慢速右转 2 秒、停止 2 秒、再慢速左转 2 秒、停止 2 秒，之后再重复相同的动作。因左、右轮有转速差，必须利用 PWM 信号来微调两轮的转速，以保持自动机器人左、右转具有相同的旋转半径。

程序：ch3_2.ino

```
const int negR=4; // 右轮马达负极。
const int posR=5; // 右轮马达正极。
const int negL=6; // 左轮马达负极。
const int posL=7; // 左轮马达正极。
const int pwmR=9; // 右轮马达速度控制。
const int pwmL=10;// 左轮马达速度控制。
// 设置初值
void setup()
{
    pinMode(posR,OUTPUT); // 设置数字引脚 4 为输出端口。
    pinMode(negR,OUTPUT); // 设置数字引脚 5 为输出端口。
    pinMode(posL,OUTPUT); // 设置数字引脚 6 为输出端口。
    pinMode(negL,OUTPUT); // 设置数字引脚 7 为输出端口。
    pinMode(pwmR,OUTPUT); // 设置数字引脚 9 为输出端口。
    pinMode(pwmL,OUTPUT); // 设置数字引脚 10 为输出端口。
}
// 主循环
void loop()
{
        right(200,200);      // 右转 2 秒。
        delay(2000);
        pause(0,0);          // 停止 2 秒。
        delay(2000);
        left(200,200); // 左转 2 秒。
        delay(2000);
        pause(0,0);          // 停止 2 秒。
        delay(2000);
}
// 右转函数
void right(byte RmotorSpeed, byte LmotorSpeed)
{
    analogWrite(pwmR,RmotorSpeed);      // 右轮转速。
    analogWrite(pwmL,LmotorSpeed);      // 左轮转速。
    digitalWrite(posR,LOW);      // 右轮停止。
```

```
        digitalWrite(negR,LOW);
        digitalWrite(posL,LOW);          // 左轮反转。
        digitalWrite(negL,HIGH);
}
// 左转函数
void left(byte RmotorSpeed, byte LmotorSpeed)
{
        analogWrite(pwmR,RmotorSpeed);          // 右轮转速。
        analogWrite(pwmL,LmotorSpeed);          // 左轮转速。
        digitalWrite(posR,HIGH);          // 右轮正转。
        digitalWrite(negR,LOW);
        digitalWrite(posL,LOW);          // 左轮停止。
        digitalWrite(negL,LOW);
}
// 停止函数
void pause(byte RmotorSpeed, byte LmotorSpeed)
{
        analogWrite(pwmR,RmotorSpeed);          // 右轮转速。
        analogWrite(pwmL,LmotorSpeed);          // 左轮转速。
        digitalWrite(posR,LOW);          // 右轮停止。
        digitalWrite(negR,LOW);
        digitalWrite(posL,LOW);          // 左轮停止。
        digitalWrite(negL,LOW);
}
```

 练习

1. 设计 Arduino 自动机器人程序，使车子快速右转 2 秒、停止 2 秒、快速左转 2 秒、停止 2 秒，之后重复相同的动作。

2. 设计 Arduino 自动机器人程序，使车子前进 2 秒、后退 2 秒、停止 2 秒、右转 2 秒、左转 2 秒、停止 2 秒，之后重复相同的动作。

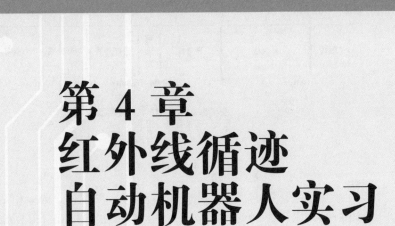

第 4 章
红外线循迹
自动机器人实习

4-1 认识红外线

红外线又称为红外光，是一种波长介于可见光与微波之间的电磁波。图 4-1 所示为电磁波频谱图，红外线的波长介于 760~1000 纳米（nm）之间，属于不可见光，穿透云雾的能力比可见光强。红外线常应用于通信、探测、医疗、军事等方面。

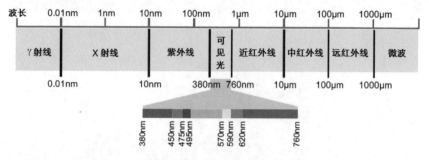

图 4-1　电磁波频谱图

为了解决个人计算机、笔记本电脑、打印机、扫描仪、鼠标和键盘等设备的短距离通信连接问题。在 1993 年成立了红外线数据协会（Infrared Data Association，IrDA），并且在 1994 年发表了 IrDA 1.0 红外线数据通信协议。IrDA 是一种利用红外线进行点对点、窄角度（30° 锥形范围）的短距离无线通信技术，传输速率在 9600bps~16Mbps 之间。IrDA 具有体积小、连接方便、安全性高、简单易用等优点，但其缺点是无法穿透实心物体，而且很容易受外界光线的干扰。

4-2 认识红外线循迹模块

常用于红外线循迹自动机器人中的红外线模块有 CNY70 和 TCRT5000 两种，特性说明如下。

4-2-1 CNY70 红外线模块

图 4-2 所示为 CNY70 红外线模块，内部包含波长 950nm 的红外线发射器和接收器。图 4-2(a) 所示为 CNY70 的外观图，蓝色圆孔为红外线发射二极管，黑色圆孔为光敏晶体管。图 4-2(b) 所示为 CNY70 的内部结构俯视图，使用时必须特别注意光敏晶体管的 C、E 引脚不可接反。

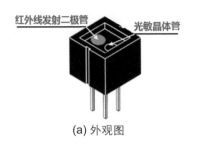

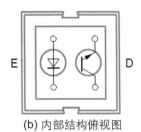

(a) 外观图　　　　　　　　　　(b) 内部结构俯视图

图 4-2　CNY70 红外线模块

1. CNY70 工作距离

图 4-3 所示为 CNY70 工作距离与集电极电流 I_C 的关系，工作距离（working distance，d）在 0mm~5mm 之间，仍有 20% 的相对集电极电流 I_C 输出，工作距离在 0.5mm 以内，可以得到最佳的精度。红外线模块离地越近识别的精度越高，离地越远识别的精度越低。

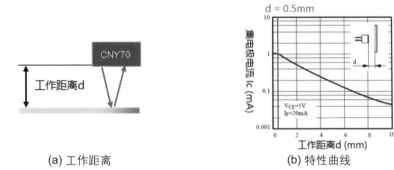

(a) 工作距离　　　　　　　　　　(b) 特性曲线

图 4-3　CNY70 工作距离与集电极电流 I_C 的关系

2. CNY70 参数额定值

表 4-1 所示为 CNY70 红外线模块的参数额定值，设计电路时要注意不可超过额定值，以免将组件烧毁。CNY70 的输出与输入电流传输比值 $I_C/I_F \times 100\% = 5\%$，在 $I_F=50\text{mA}$ 的情况下，其 $V_F=1.25\text{V}$，$I_C = 2.5\text{mA}$。所选用的输出负载电阻 R_C 值必须满足 TTL/CMOS 基准电位，CNY70 红外线模块才能正常工作。

表 4-1　CNY70 红外线模块的参数额定值

端口引脚	参数	符号	数值	单位
输入（发射器）	反向电压	V_R	5	V
	正向电流	I_F	50	mA
	正向浪涌电流	I_{FSM}	3	A
	功耗	P_V	100	mW
	引脚温度	T_J	100	℃
输出（接收器）	集电极发射极反向击穿电压	V_{CEO}	32	V
	发射极集电极正向电压	V_{ECO}	7	V
	电极电流	I_C	50	mA
	功耗	P_V	100	mW
	引脚温度	T_J	100	℃

3. CNY70 红外线传感电路

图 4-4 所示为 CNY70 红外线传感电路，在 I_F = 50mA 情况下，其 V_F = 1.25V。R_1 电阻的选择必须让光敏晶体管进入饱和导通，但又不可以让发射二极管的正向电流 I_F 超过额定值 50mA，输入电流 I_F 越大，感应距离越大。每个 CNY70 模块的售价约 4 元。

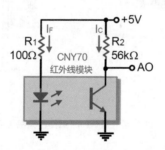

图 4-4　CNY70 红外线传感电路

由欧姆定律可以得到流过红外线发射二极管的正向电流 I_F 为

$$I_F = \frac{5 - V_E}{R_1} = \frac{5 - 1.25}{100} = 37.5\text{mA}$$，因为 $I_C/I_F \times 100\% = 5\%$，所以 $I_C = 0.05I_F = 1.875\text{mA}$，已足以让光敏晶体管饱和导通，致使输出 AO 为低基准电位。

4-2-2 TCRT5000 红外线模块

图 4-5 所示为 TCRT5000 红外线模块，包含波长 950nm 的红外线发射器和接

收器。图 4-5(a) 所示为 TCRT5000 的外观图，蓝色元件为红外线发射二极管，黑色元件为光敏晶体管。图 4-5(b) 所示为 TCRT5000 的内部结构俯视图，使用时必须特别注意光敏晶体管的 C、E 引脚不可接反。

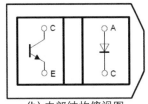

(a) 模块外观　　　　　　　　　(b) 内部结构俯视图

图 4-5　TCRT5000 红外线模块

1. TCRT5000 工作距离

图 4-6 所示为 TCRT5000 红外线模块与集电极电流 I_C 的关系，工作距离在 0.2mm~15mm 之间，仍有 20% 的相对集电极电流 I_C 输出，工作距离在 2mm 以内，可以得到最佳精度。模块离地越近则识别精度越高，离地越远则识别精度越低。本书使用 TCRT5000 模块来制作红外线循迹自动机器人，比 CNY70 的感测距离更大。

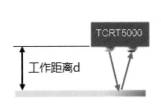
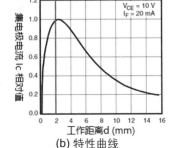

(a) 工作距离　　　　　　　　　(b) 特性曲线

图 4-6　TCRT5000 工作距离与集电极电流 I_C 的关系

2. TCRT5000 参数额定值

表 4-2 所示为 TCRT5000 红外线模块的参数额定值，设计电路时要注意不可超过最大额定值，以免将元件烧毁。TRCT5000 的输出与输入电流传输比值 $I_C/I_F \times 100\% = 10\%$，在 $I_F = 60mA$ 的情况下，$V_F = 1.25V$，$I_C = 6mA$。所选用的输出负载电阻 R_C 值必须满足 TTL/CMOS 基准电位，这样 TCRT5000 红外线模块才能正常工作。

表 4-2　TCRT5000 红外线模块的参数额定值

端口引脚	参数	符号	数值	单位
输入（发射器）	反向电压	V_R	5	V
	正向电流	I_F	60	mA
	正向浪涌电流	I_{FSM}	3	A
	功耗	P_V	100	mW
	引脚温度	T_J	100	℃
输出（接收器）	集电极发射极反向击穿电压	V_{CEO}	70	V
	发射极集电极正向电压	V_{ECO}	5	V
	集电极电流	I_C	100	mA
	功耗	P_V	100	mW
	引脚温度	T_J	100	℃

3. TCRT5000 红外线传感电路

图 4-7 所示为 TCRT5000 红外线传感电路，在 I_F= 60mA 的情况下，其 V_F = 1.25V。R_1 电阻的选择必须让光敏晶体管进入饱和导通，但又不可以让发射二极管正向电流 I_F 超过额定值 60mA，输入电流 I_F 越大，感测距离越大。每个 TCRT5000 模块的售价约 3 元。

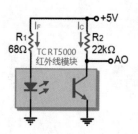

图 4-7　TCRT5000 红外线传感电路

由欧姆定律可以得到流过红外线发射二极管的正向电流 I_F 为 $I_F=\dfrac{5-V_F}{R_1}=\dfrac{5-1.25}{68}=55\text{mA}$，因为 $I_C/I_F\times100\%=10\%$，所以 $I_C=0.1I_F=5.5\text{mA}$，已足以让光敏晶体管饱和导通，致使输出 AO 为低基准电位。

4-2-3　红外线循迹模块

对于一个从未学习过电子、信息相关知识的初学者而言，使用模块是比较简单的方法，但相对价格比自制电路要高。常用的 TCRT5000 红外线循迹模块，按输出的数据类型可以分成三线式和四线式两种。

1. 三线式 TCRT5000 红外线循迹模块

图 4-8 所示为三线式 TCRT5000 红外线循迹模块，包含电源 V_{CC}、接地 GND 和数字输出 OUT 三只引脚。内部使用一个 LM393 比较器，由半可变电阻 SVR1 来调整比较值，以得到基准电位明确的数字输出。当自动机器人行进在黑色轨道上时，黑色吸光不反射，光敏晶体管截止，OUT 输出逻辑 1。反之，当自动机器人行进在白色地面上时，红外线经由地面反射至光敏晶体管，流过红外线二极管的正向电流 $I_F = \dfrac{V_{CC} - V_F}{R_1} = \dfrac{5-1.25}{68} = 55\text{mA}$，因为 I_C 与 I_F 的电流转换比为 10%，所以 $I_C = 5.5\text{mA}$，将会使光敏晶体管饱和导通，OUT 输出逻辑 0。如果不是与轨道对比强烈的白色地面，可以使用 SVR1 来调整轨道的感应灵敏度。TCRT5000 红外线循迹模块的售价约 20 元。

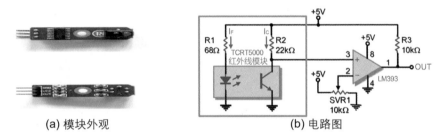

(a) 模块外观　　　　　　　　　　(b) 电路图

图 4-8　三线式 TCRT5000 红外线循迹模块

2. 四线式 TCRT5000 红外线循迹模块

图 4-9 所示为四线式 TCRT5000 红外线循迹模块，比三线式增加了模拟输出引脚（Analog Output，AO）。当车子行进在黑色轨道上时，黑色吸光不反射，光敏晶体管截止，模拟输出 AO 为高电位。当车子行进在白色地面上时，红外线经由地面反射至光敏晶体管，流过红外线二极管的正向电流 $I_F = \dfrac{V_{CC} - V_F}{R_1} = \dfrac{5-1.25}{68} = 55\text{mA}$，因为 I_C 与 I_F 的电流转换比 10%，所以 $I_C = 5.5\text{mA}$，致使光敏晶体管饱和导通，模拟输出 AO 为低基准电位。

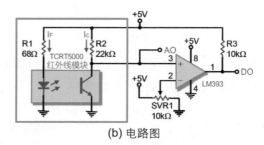

(a) 模块外观   (b) 电路图

图 4-9   四线式 TCRT5000 红外线循迹模块

如果不是与轨道对比强烈的白色地面，部分红外线将会被地面吸收，反射至光敏晶体管的红外线将会变弱，使模拟输出 AO 低基准电位上升，因而降低了感应的灵敏度。我们可以将模拟输出 AO 连接到 Arduino UNO 板的模拟输入端 A0~A5，借助调整转换后的比较值，来调整红外线模块的感应灵敏度。

4-2-4 红外线模块的数量

自动机器人使用的模块数量越多，在转弯时越能够顺滑地行走在轨道上，使用较高的行驶车速也不会冲出轨道，但相对成本较高。红外线循迹自动机器人使用两个、3 个、4 个、5 个、7 个等红外线模块，都可以达到循迹行走的目的。多数红外线循迹自动机器人如图 4-10 所示，使用 3 个或 5 个红外线模块，两者特性说明如下：

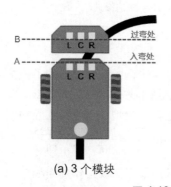

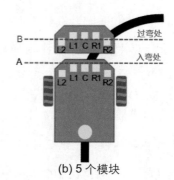

(a) 3 个模块   (b) 5 个模块

图 4-10   红外线模块的数量

图 4-10(a) 所示为使用 3 个红外线模块，自动机器人进入轨道 A 点入弯处，红外线感测到转弯轨道，回传至微控制器驱动左、右轮马达使自动机器人右转。但若车速太快，红外线模块将会来不及感测，自动机器人直线前进至轨道 B 点过弯处而冲

出轨道，无法顺利转弯。3 组红外线循迹模块的优点是成本低，缺点是车速慢。

图 4-10(b) 所示为使用五个红外线模块，自动机器人进入轨道 A 点入弯处，红外线感测到转弯轨道，回传至微控制器驱动左、右轮马达使自动机器人右转。但若车速太快，R_1 红外线模块将会来不及感测，自动机器人直线前进至轨道 B 点过弯处，R_2 红外线模块仍可感测到转弯轨道，使自动机器人能顺利转弯。5 组红外线循迹模块的优点是车速快，缺点是成本高。

4-2-5 红外线模块排列的间距

红外线模块排列的间距会影响自动机器人转弯的准确度。如图 4-11(a) 所示，模块的间距太小时，虽然在轨道 A 点入弯处就能感测到轨道转弯路径，但若车速太快、弯角太小，很容易冲出轨道，而且模块间距太小也容易相互干扰，造成误动作。

图 4-11(b) 所示，模块的间距太大时，直到轨道 B 点过弯处才能感测到转弯路径，但反应时间过短，自动机器人很容易冲出轨道。循迹自动机器人竞赛的轨道大多选用 1.9 厘米宽的黑色或白色电工胶带，因此红外线循迹模块排列的间距只要大于 1.9/2 厘米即可，建议值为 1.5~2 厘米。

(a) 间距太小　　　　　　　　　　(b) 间距太大

图 4-11　红外线模块排列的间距

4–3 认识红外线循迹自动机器人

所谓红外线循迹自动机器人（line-following robot），是指自动机器人可以自动行走在预先规划的黑色轨道上。其工作原理是利用红外线发射器发射红外线信号至地面轨道，经由红外线光敏晶体管感应反射光的强弱并且转换成电压值。经由微控制器比较并修正自动机器人的行进方向，使自动机器人能自动行走在轨道上。不同颜色对光的反射程度不同，黑色吸光因而反射率最低，模块输出高电位（逻辑 1），白色反光因而反射率最高，模块输出低电位（逻辑 0）。表 4-3 所示为使用 3 个红外线循迹模块的红外线循迹自动机器人行走方向的控制策略，其行走情况说明如下：

表4-3　红外线循迹自动机器人行走方向的控制策略

红外线模块 L	红外线模块 C	红外线模块 R	控制策略	左轮	右轮
0	0	0	前进	反转	正转
0	0	1	快速右转	反转	反转
0	1	0	前进	反转	正转
0	1	1	慢速右转	反转	停止
1	0	0	快速左转	正转	正转
1	0	1	不会发生	停止	停止
1	1	0	慢速左转	停止	正转
1	1	1	停止	停止	停止

图 4-12 所示为红外线循迹自动机器人的行走情况，使用左（Left，L）、中（Center，C）、右（Right，R）3 组红外线模块。当红外线模块感测到黑色轨道时，黑色吸光不反射，红外线模块输出高电位（High Potential，H 或逻辑 1）。当红外线模块没有感测到黑色轨道时，会有一定程度的反射，红外线则输出低电位（Low Potential，L 或逻辑 0）。

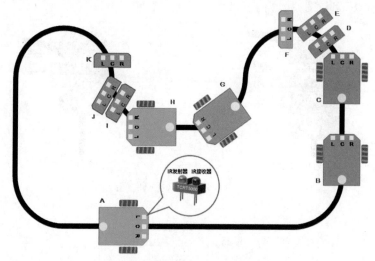

图 4-12　红外线循迹自动机器人的行走情况

当自动机器人行进至位置 A 和 B 时，模块 LCR 状态为 010，自动机器人继续前进。当自动机器人行进至位置 C 时，模块 LCR 状态为 110，自动机器人偏离到轨道右方，必须左转弯。当自动机器人行进至位置 E 时，模块 LCR 状态为 100，自动机器人严重偏离到轨道右方，必须快速左转弯修正运行路线，否则自动机器人会冲出轨道。当自动机器人行进至位置 G 时，模块 LCR 状态为 011，自动机器人偏离到轨道左方，必须右转弯。当自动机器人行进至位置 H 时，模块 LCR 状态为 001，自动机器人严重偏离到轨道左方，必须快速右转弯修正行走路线，否则自动机器人会冲出轨道。

4-4 制作红外线循迹自动机器人

图 4-13 所示为红外线循迹自动机器人的电路接线图，包含红外线循迹模块、Arduino 控制板、马达驱动模块、马达部件和电源电路 5 部分。

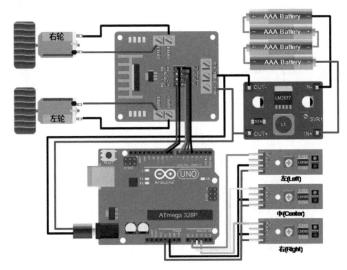

图 4-13　红外线循迹自动机器人的电路接线图

1. 红外线循迹模块

使用如图 4-9(a) 所示的四线式红外线循迹模块，将左、中、右 3 组模拟输出 AO 值分别连接至模拟输入 A1、A2、A3 引脚，Arduino 板的 +5V 供电给红外线循迹模块，再以 analoglRead(Pin) 指令来读取状态，其中 Pin 为模拟输入 A0~A5。如果使用如图 4-8(a) 所示的三线式红外线循迹模块只有数字输出 OUT，必须以 digitalRead(Pin) 指令来读取状态，其中 Pin 为数字输入 0~13。如果为了节省成本，也可以按图 4-7 所示的红外线传感电路图自行制作并组合所需要的模块数量。

2. Arduino 控制板

Arduino 控制板为控制中心，检测左、中、右 3 组红外线循迹模块的模拟输出 AO 值，并按表 4-3 所示的红外线循迹自动机器人行走方向的控制策略，来驱动

左、右两组减速直流马达的运转方向，使车子能正确行进在轨道上。

3. 马达驱动模块

马达驱动模块使用 L298 驱动芯片来控制两组减速直流马达，其中 IN1、IN2 输入信号控制左轮转向，而 IN3、IN4 输入信号控制右轮转向。另外，Arduino 控制板输出两组 PWM 信号连接到马达驱动模块的 ENA 和 ENB 引脚，分别控制左轮和右轮的转速。因为马达有最小的启动扭矩电压，所以输出的 PWM 信号平均值不可太小，以免无法驱动马达转动。PWM 信号只能微调马达转速，如果需要较低的转速，可以改用较大减速比的减速直流马达。

4. 马达部件

马达部件包含两组 300rpm/min（测试条件为 6V）的金属减速直流马达、两个固定座、两个 D 型接头 43mm 橡皮车轮和一个万向轮，橡皮材质的轮子比塑料材质的轮子摩擦力大而且易于控制。

5. 电源电路

电源模块包含 4 个 1.5V 一次性电池或 4 个 1.2V 充电电池及 DC-DC 升压模块，调整 DC-DC 升压模块中的 SVR1 可变电阻，使输出升压至 9V，再将其连接到 Arduino 控制板和马达驱动模块供电。如果使用的是两个 3.7V 的 18650 锂电池，就不需要再使用 DC-DC 升压模块了。每个容量 2000mAh 的 1.2V 镍氢电池的售价约 18 元，每个容量 3000mAh 的 18650 锂电池的售价约 50 元。

☐ 功能说明：

让红外线循迹自动机器人能够自动行进在预先规划的黑色轨道上。请按照实际情况调整自动机器人的行进速度，以免车速过快而冲出轨道。一般地面颜色都不是与黑色轨道对比强烈的白色，会降低红外线的反射率，使低基准电位输出电压过高。可以利用调整比较电压值来提高感应的灵敏度，以免产生误动作。

如果使用三线式红外线模块或四线式红外线模块的 DO 输出，必须连接到 Arduino 板的数字输入引脚，并且调整红外线模块上的可变电阻改变比较器电压，以提高红外线循迹自动机器人对轨道的感应灵敏度。如果使用四线式红外线模块的 AO 输出，必须连接 Arduino 板的模拟输入引脚，并且调整 analogRead() 函数所读取转换的比较值，以提高红外线循迹自动机器人对轨道的感应灵敏度。

程序：ch4_1.ino

```
const int negR=4; // 右轮马达负极。
const int posR=5; // 右轮马达正极。
const int negL=6; // 左轮马达负极。
const int posL=7; // 左轮马达正极。
const int pwmR=9; // 右轮马达转速控制。
const int pwmL=10; // 左轮马达转速控制。
const int irD1=A1; // 左 (Left) 红外线循迹模块。
const int irD2=A2; // 中 (Center) 红外线循迹模块。
const int irD3=A3; // 右 (Right) 红外线循迹模块。
const int Rspeed=200;    // 右马达转速控制初值。
const int Lspeed=200;    // 左马达转速控制初值。
byte IRstatus=0;    // 红外线循迹模块感应值。
// 设置初值
void setup()
{
    pinMode(negR,OUTPUT); // 设置数字引脚 4 为输出引脚。
    pinMode(posR,OUTPUT); // 设置数字引脚 5 为输出引脚。
    pinMode(negL,OUTPUT);        // 设置数字引脚 6 为输出引脚。
    pinMode(posL,OUTPUT); // 设置数字引脚 7 为输出引脚。
    pinMode(irD1,INPUT_PULLUP);    // 设置模拟引脚 A1 为含提升电阻的输入引脚。
    pinMode(irD2,INPUT_PULLUP);    // 设置模拟引脚 A2 为含提升电阻的输入引脚。
    pinMode(irD3,INPUT_PULLUP);    // 设置模拟引脚 A3 为含提升电阻的输入引脚。

}
// 主循环
void loop()
{
            int val;                    // 输入模拟信号值。
            IRstatus=0;    // 清除红外线循迹模块感应值。
            val=analogRead(irD1); // 读取 "左 L" 红外线循迹模块感应值。
            if(val>=150)    // 感应到黑色轨道？
            IRstatus=(IRstatus+4);            // 设置感应值位 2 为 1。
            val=analogRead(irD2); // 读取 "中 C" 红外线循迹模块感应值。
            if(val>=150)    // 感应到黑色轨道？
            IRstatus=(IRstatus+2);            // 设置感应值位 1 为 1。
            val=analogRead(irD3);            // 读取 "右 R" 红外线循迹模块感应值。
            if(val>=150)    // 感应到黑色轨道？
            IRstatus=(IRstatus+1);            // 设置感应值位 0 为 1。
            driveMotor(IRstatus); // 按 IRstatus 值设置马达转向及转速。

}
// 马达转向控制函数
void driveMotor(byte IRstatus)
```

```
{
    switch(IRstatus)
    {
            case 0:          //LCR=000: 白白白。
            forward(Rspeed,Lspeed);        // 车子继续前进。
            break;
            case 1:          //LCR=001: 白白黑。
            right(1,Rspeed,Lspeed);        // 车子严重偏左, 调整车子快
速右转。
            break;
            case 2:          //LCR=010: 白黑白。
            forward(Rspeed,Lspeed);        // 车子继续前进。
            break;
            case 3:          //LCR=011: 白黑黑。
            right(0,Rspeed,Lspeed);// 车子轻微偏左, 调整车子慢速右转。
            break;
            case 4:          //LCR=100: 黑白白。
            left(1,Rspeed,Lspeed);// 车子严重偏右, 调整车子快速左转。
            break;
            case 5:          //LCR=101: 黑白黑。
            pause(0,0);     // 不可能发生, 车子停止。
            break;
            case 6:          //LCR=110: 黑黑白。
            left(0,Rspeed,Lspeed);// 车子轻微偏右, 调整车子慢速左转。
            break;
            case 7:          //LCR=111: 黑黑黑。
            pause(0,0);     // 车子停止。
            break;
    }
}
// 前进函数
void forward(byte RmotorSpeed, byte LmotorSpeed)
{
    analogWrite(pwmR,RmotorSpeed);        // 设置右轮转速。
    analogWrite(pwmL,LmotorSpeed);        // 设置左轮转速。
    digitalWrite(posR,HIGH);     // 右马达正转。
    digitalWrite(negR,LOW);
    digitalWrite(posL,LOW);      // 左马达反转。
    digitalWrite(negL,HIGH);
}
// 后退函数
void back(byte RmotorSpeed, byte LmotorSpeed)
{
```

```
    analogWrite(pwmR,RmotorSpeed);        // 设置右轮转速。
    analogWrite(pwmL,LmotorSpeed);        // 设置左轮转速。
    digitalWrite(posR,LOW);       // 右马达反转。
    digitalWrite(negR,HIGH);
    digitalWrite(posL,HIGH);       // 左马达正转。
    digitalWrite(negL,LOW);
}
// 停止函数
void pause(byte RmotorSpeed, byte LmotorSpeed)
{
    analogWrite(pwmR,RmotorSpeed);        // 设置右轮转速。
    analogWrite(pwmL,LmotorSpeed);        // 设置左轮转速。
    digitalWrite(posR,LOW);        // 右马达停止。
    digitalWrite(negR,LOW);
    digitalWrite(posL,LOW);        // 左马达停止。
    digitalWrite(negL,LOW);
}
// 右转函数
void right(byte flag, byte RmotorSpeed, byte LmotorSpeed)
{
    analogWrite(pwmR,RmotorSpeed);        // 设置右轮转速。
    analogWrite(pwmL,LmotorSpeed);        // 设置左轮转速。
    if(flag==1)     //flag=1，马达快速转向。
    {
        digitalWrite(posR,LOW);        // 右马达反转。
        digitalWrite(negR,HIGH);
        digitalWrite(posL,LOW);        // 左马达反转。
        digitalWrite(negL,HIGH);
    }
    else                //flag=0，马达慢速转向。
    {
        digitalWrite(posR,LOW);        // 右马达停止。
        digitalWrite(negR,LOW);
        digitalWrite(posL,LOW);        // 左马达反转。
        digitalWrite(negL,HIGH);
    }
}
// 左转函数
void left(byte flag, byte RmotorSpeed, byte LmotorSpeed)
{
    analogWrite(pwmR,RmotorSpeed);        // 调整右马达转速。
    analogWrite(pwmL,LmotorSpeed);        // 调整左马达转速。
    if(flag==1)     //flag=1，马达快速左转。
```

```
        {
            digitalWrite(posR,HIGH);      // 右马达正转。
            digitalWrite(negR,LOW);
            digitalWrite(posL,HIGH);      // 左马达正转。
            digitalWrite(negL,LOW);
        }
        else                  //flag=0，马达慢速左转。
        {
            digitalWrite(posR,HIGH);      // 右马达正转。
            digitalWrite(negR,LOW);
            digitalWrite(posL,LOW);       // 左马达停止。
            digitalWrite(negL,LOW);
        }
}
```

练习

1. 设计 Arduino 循迹自动机器人程序，利用 Arduino 板检测 3 组红外线循迹模块
   的数字输出 DO 值，并且控制左、右轮使车子能正确行走在"黑色"轨道上。

2. 设计 Arduino 循迹自动机器人程序，利用 Arduino 板检测 3 组红外线循迹模块
   的模拟输出 AO 值，并且控制左、右轮使车子能正确行走在"白色"轨道上。

第 5 章
红外线遥控
自动机器人实习

5-1 认识无线通信

人类早期的沟通方式是使用语言和文字，自1876年贝尔（bell）发明有线电话以来，大大拓展了人类生活的范围。有线通信最主要的优点是高传输率、高保密性和高服务质量，但有线通信成本较高，而且受到环境的限制。近年来各种无线通信技术迅速发展，例如红外线（Infrared，IR）、射频识别（Radio Frequency IDentification，RFID）、蓝牙（Bluetooth）、ZigBee、无线局域网802.11（Wi-Fi）以及微波通信等，均已普遍应用于日常生活中。无线通信技术除了提高使用的方便性外，也能有效地减少线缆所造成的困扰。

5-2 认识红外线发射模块

图5-1所示为红外线发射模块方块图，内部电路包含编码电路、载波电路、调制电路、放大器以及红外线发射二极管等。

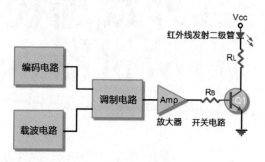

图 5-1　红外线发射模块方块图

红外线发射模块以调制的方式将编码数据和固定频率载波进行调制后再传送出去，既可以提高发射效率，又可以降低功耗。红外线遥控常应用在电视机、空调、投影机、程控风扇、电动门、汽车防盗等设备上。红外线通信能有效抵抗低频电源信号的干扰，而且具有编解码容易、电路简单、功耗低和成本低等优点。红外线具有方向性，而且无法穿透物体，只有在圆锥状光束中心点向外的一定角度 q 内才能接收到信号，角度 q = 0° 的传输距离最远，角度越大传输距离越短。

5-2-1 编码电路

使用红外线进行远程遥控时，必须先将每个按键编码成指令，而且每一个按键指令都应该是独一无二的，不可重复。当远程红外线接收器接收到红外线编码信号，并且加以解码后，再按照不同的按键指令执行不同的功能。所谓指令，是指由逻辑 0 和逻辑 1 组合而成的二进码。不同厂商会有不同的红外线协议，所定义的指令格式和位编码方式也不相同，以最通行的 NEC、Philips RC5 和 SONY 三家厂商的红外线协议来说明。

1. NEC 红外线协议

图 5-2 所示为 NEC 红外线协议的编码格式，使用 8 位地址（address）码和 8 位指令（command）码，因为使用的是 8 位指令码，所以最多可以编码 256 个按键。NEC 编码格式包括起始（start）码、地址码、反向地址码、指令码以及反向指令码，信号都是由最低有效位（Least Significant Bit，LSB）开始传送。其中起始码是由 9ms 逻辑 1 信号和 4.5ms 逻辑 0 信号所组成的，而地址码和指令码都传送两次，是为了增加远程遥控的可靠性。

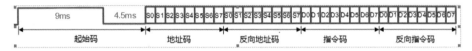

图 5-2　NEC 红外线协议的编码格式

在 NEC 红外线协议中的位数据使用如图 5-3 所示的脉冲间距编码（pulse-distance coding），逻辑 0 是发射 560μs 的红外线信号，再停止 560μs 的时间，而逻辑 1 是发射 560μs 的红外线信号，再停止约 3 倍 560μs 的时间，即 1.68ms。

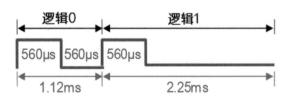

图 5-3　NEC 红外线协议的脉冲间距编码

2. Philips RC5 红外线协议

图 5-4 所示为 Philips RC5 红外线协议的编码格式，包含 2 位起始位（S1、S2）、1 位控制（Control，C）位、5 位地址码和 6 位指令码，信号都是由 LSB 位开始传送的。因为使用的是 6 位指令码，所以最多可以编码 64 个按键，在 RC5 的扩展模式下可以使用 7 位指令码，扩展编码 128 个按键。RC5 的起始位 S1、S2 通常是逻辑 1；控制位 C 在每次按下按键后，逻辑基准电位会反向，这样就可以区分同一个按键是一直被按着不放，还是重复按。如果是一直按着相同键不放，那么控制位 C 不会反向，如果是重复按相同键，那么控制位 C 会反向。

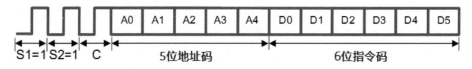

图 5-4　Philips RC5 红外线协议的编码格式

在 Philips RC5 红外线协议中的位数据使用如图 5-5 所示的双相位编码（bi-phase coding），其中逻辑 0 是先发射 889μs 的红外线信号，再停止 889μs 的时间。逻辑 1 是先停止 889μs 的时间，再发射 889μs 红外线信号。逻辑 0 与逻辑 1 的相位编码方式也可以互换。

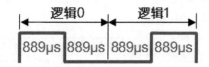

图 5-5　Philips RC5 红外线协议的双相位编码

3. SONY 红外线协议

图 5-6 所示为 SONY 红外线协议的编码格式，由 13 位组成，包含 1 位起始位、7 位指令码和 5 位地址码，信号都是由 LSB 位开始传送的。因为使用的是 7 位指令码，所以最多可以编码 128 个按键。起始位由 2.4ms 逻辑 1 信号和 0.6ms 逻辑 0 信号组成。

图 5-6　SONY 红外线协议的编码格式

在 SONY 红外线协议中的位数据使用如图 5-7 所示的脉冲长度编码（pulse-length coding），其中逻辑 0 是先发射 0.6ms 红外线信号，再停止 0.6ms 的时间。逻辑 1 是先发射 1.2ms 的红外线信号，再停止 0.6ms 的时间。

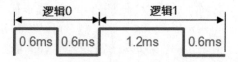

图 5-7　SONY 红外线协议的脉冲长度编码

5-2-2 载波电路与调制电路

在红外线通信中常用的载波（carrier）频率在 30~60kHz 之间，其中以 30、33、36、38、40 和 56 kHz 等载波较为通用。例如 Philips RC5 红外线协议使用 36kHz 载波，NEC 红外线协议使用 38kHz 载波，SONY 红外线协议使用 40kHz 载波。

红外线信号的发射与否，与位数据的逻辑基准电位有关，当位数据为逻辑 1 时发射红外线信号，当位数据为逻辑 0 时停止发射。图 5-8(a) 所示是直接将编码完成的红外线信号发射出去，很容易受到周围环境光源的干扰，传送距离不远，而且功耗较大。图 5-8(b) 所示是利用调制（modulation）技术，将数据加上高频载波传送出去，不仅可以抵抗周围环境光源的干扰，增加传输距离，而且功耗较小。

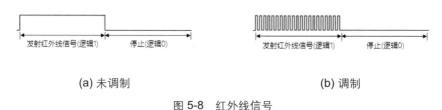

(a) 未调制　　　　　　　　　　　　(b) 调制

图 5-8　红外线信号

5-3 认识红外线接收模块

图 5-9 所示为红外线（Infrared，IR）接收模块方块图，内部电路包含红外线接收二极管、放大器（amplifier）、限幅器、带通滤波器（bandpass filter）、解调电路（demodulator）、积分器（integrator）和比较器（comparator）等。当红外线接收二极管接收到红外线信号时，会将信号送到放大器放大，并且由限幅器来限制脉冲振幅，以减少噪声干扰。限幅器输出信号至带通滤波器滤除 30~60kHz 以外的载波。带通滤波器的输出再经由解调电路、积分器和比较器等电路，还原红外线发射器所发送的数字信号。

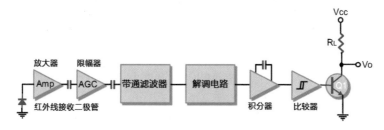

图 5-9　红外线接收模块的方块图

5-3-1 红外线接收模块

图 5-10 所示为日制 38kHz 载波，940nm 波长红外线接收模块，最大距离可达 35 米，包含电源 V_{CC}、接地 GND 和信号输出 Vo 三只引脚。红外线接收模块的种类很多，在使用时必须特别注意引脚定义及其特性。另外，发射器与接收器的红外线信号必须使用相同的载波频率和波长，一般家电用的红外线遥控器使用 38kHz 载波、940nm 波长的红外线，如果载波或波长不相同，可能会降低传输距离和可靠性。

(a) 元件外观　　　　　　　　　　　　(b) 引脚

图 5-10　红外线接收模块

图 5-11 所示为日制 IRM2638 红外线接收模块的接收角度 θ 与相对传输距离的关系，在直线 θ = 0° 时，相对传输最大距离为 1.0。接收角度越小，相对传输距离越长；接收角度越大，相对传输距离越短。IRM2638 红外线接收模块的上、下、左、右的最大接收角度为 45°，在 0° 位置的最大接收距离为 14 米，在 45° 位置的最大接收距离为 6 米。每个 IRM2638 红外线接收模块的售价约为 4 元。

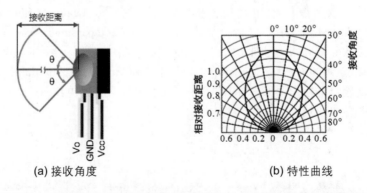

(a) 接收角度　　　　　　　　　　　　(b) 特性曲线

图 5-11　IRM2638 红外线接收模块的接收角度 θ 与相对接收距离的关系

5-3-2 IRremote.h 函数库

IRremote.h 是一个支持 Arduino 红外线通信的函数库，由 Ken Shirriff 所编

写，用来传送或接收红外线信号。IRremote.h 函数库可以使用 Arduino 板的任意数字引脚来作为接收脚，但所使用的 IR 接收模块必须内含带通滤波器（bandpass filter），才能正确接收数据。使用时必须将 #include <IRremote.h> 指令置于程序最前端。IRremote.h 函数库可到网址 http://www.pjrc.com/teensy/td_libs_IRremote.html 下载 IRremote.zip，手动安装就是使用解压缩软件将其解压缩后，再存放到 /Arduino/libraries 文件夹内。我们也可以使用 Arduino IDE 软件来自动安装，方法如下所述。

STEP 1

A. 打开网站 www.pjrc.com/teensy/td_lib_IRremote.html。

B. 单击″IRremote.zip″选项，将其下载并存储到 Arduino /libraries 文件夹中。

上述步骤如图 5-12 所示。

图 5-12　打开网站 www.pjrc.com/teensy 下载 IRremote 函数库

STEP 2

A. 启动 Arduino IDE 软件。

B. 依次单击″项目″→″加载库″→″添加一个 .ZIP 库″。

上述步骤如图 5-13 所示。

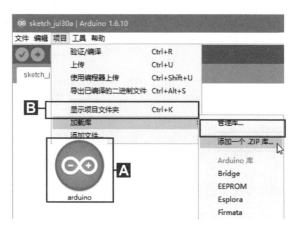

图 5-13　启动 Arduino IDE 来加载函数库

STEP ③

A. 在〝查找〞位置找到 libraries 文件夹。

B. 单击压缩文件 IRremote.zip。

C. 单击〝打开〞按钮，Arduino IDE 软件会自动将其解压缩并安装在 /libraries 文件夹中。

上述步骤如图 5-14 所示。

图 5-14 解压缩函数库到 /libraries 文件夹中

1. IRrecv( ) 函数

IRrecv( ) 函数的作用是创建一个红外线接收对象，并且用来接收红外线信号，对象名称可以由用户自定义。有一个参数 receivePin 必须设置，receivePin 参数用来设置 Arduino 板接收红外线信号的数字引脚，没有返回值。

格式：IRrecv irrecv(receivePin)
范例：IRrecv irrecv(2)　　　// 创建 irrecv 对象，数字引脚 2 为 IR 接收脚。

2. enableIRin( ) 函数

enableIRin() 函数的作用是启用红外线接收，即开启红外线的接收过程，每 50ms 会产生一次定时器中断，用来检测红外线的接收状态，没有传入值和返回值。

格式：irrecv.enableIRin()
范例：irrecv.enableIRin()　　　// 启用红外线接收。

3. decode( ) 函数

decode( ) 函数的作用是接收并解码红外线信号，必须使用数据类型 decode_results 来定义一个接收信号的存储地址，例如 decode_results results。如果接收到红外线信号，就返回 true，将信号解码后再存储在 results 变量中；如果没有接收到红外线信号，就返回 false。所返回的红外线信号包含解码类型（decode_type）、按键代码（value）以及代码使用的位数（bits）等。

每家厂商都有自己专用的红外线通信协议（protocol），IRremote.h 函数库支持多数通信协议，如 NEC、Philips RC5、Philips RC6、SONY 等，如果遇到不支持的通信协议，就返回 UNKNOWN 编码类型。另外，每个按键都有独特的代码，通常是 12~32 个位。按住按键不放时，不同厂商会有不同的重复代码，有些是传送相同的按键代码，有些则是传送特殊的重复代码。

格式：irrecv.decode(&results)

范例：irrecv.decode(&results)　　　// 接收并解码红外线信号。

4. resume( ) 函数

在使用 decode( ) 函数接收完红外线信号后，必须使用 resume( ) 函数来重置 IR 接收器，才能再接收另一个红外线信号。

格式：irrecv.resume()

范例：irrecv.resume()　　　　　// 重置 IR 接收器。

5. blink13( ) 函数

blink13() 函数的作用是启用 Arduino 板指示灯 L（数字引脚 13），当接收到红外线信号时，指示灯 L 会闪烁一下。因为红外线是不可见光，使用指示灯 L 当作视觉反馈是很有用的一种方式。

格式：irrecv.blink13(true)

范例：irrecv.blink13(true)　　　// 接收到代码时，指示灯 L(数字引脚 13) 会闪烁一下。

5-4 认识红外线遥控自动机器人

所谓红外线遥控自动机器人，是指可以由红外线遥控器来遥控自动机器人执行前进、后退、右转、左转及停止等行走动作。本章使用如图 5-15 所示的 40mm×85mm 红外线遥控器来遥控自动机器人，可以使用任何红外线遥控器来替代。在使用红外线遥控器来遥控自动机器人之前，必须先使用红外线接收电路来读取红外线遥控器的按键代码，再根据此按键代码来控制自动机器人行走。如表 5-1 所示为红外线遥控自动机器人行走方向的控制策略。

图 5-15　40mm×85mm 红外线遥控器

表 5-1　自动机器人行走方向的控制策略

原来按键	重新定义按键	按键代码	控制策略	左轮	右轮
2	▲	FF18E7	前进	反转	正转
8	▼	FF4AB5	后退	正转	反转
6	▶	FF5AA5	右转	反转	停止
4	◀	FF10EF	左转	停止	正转
5	■	FF38C7	停止	停止	停止

读取红外线遥控器按键代码

图 5-16 所示为红外线接收电路的接线图，包含红外线遥控器、红外线接收模块和 Arduino 控制板 3 个部分。

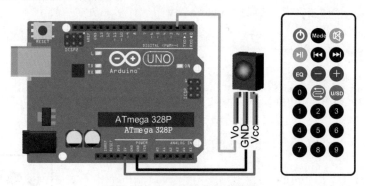

图 5-16　红外线接收的电路图

1. 红外线遥控器

图 5-17(a) 所示为本章所使用的 40mm × 85mm 红外线遥控器，将其按键功能重新定义为如图 5-17(b) 所示的按键，其中按键 2 为前进键、按键 8 为后退键、按键 6 为右转键、按键 4 为左转键、按键 5 为停止键。

(a) 红外线遥控器

(b) 重新定义按键功能

图 5-17　40mm×85mm 红外线遥控器按键的重新定义

2. 红外线接收模块

将红外线接收模块的输出引脚 Vo 连接至 Arduino 控制板的数字引脚 2，再由 Arduino 控制板上的 +5V 电源供电给红外线接收模块。

3. Arduino 控制板

Arduino 控制板为控制中心，读取红外线接收模块所接收到的按键代码，并显示到"串口监视器"窗口中。

□　**功能说明：**

使用 Arduino 控制板配合低成本的红外线接收模块，读取红外线遥控器的解码类型和按键代码，并显示到"串口监视器"窗口中，同时指示灯 L（数字引脚 13）会闪烁一下。图 5-18 所示为所读取的红外线遥控器按键代码，按序为按键 2（前进）、按键 8（后退）、按键 6（右转）、按键 4（左转）和按键 5（停止）共 5 个按键的按键代码。

图 5-18　红外线遥控器的按键代码

程序：ch5-1.ino

```
#include <IRremote.h>        // 使用 IRremote.h 函数库。
const int RECV_PIN = 2;      // 使用数字引脚 2 读取 IR 接收模块数据。
IRrecv irrecv(RECV_PIN);     // 设置数字引脚 2 读取 IR 接收器数据。
decode_results results;      // 设置 results 对象存储 IR 接收模块数据。
// 设置初值
void setup()
{
    Serial.begin(9600);      // 设置串口，波特率为 9600bps。
    irrecv.enableIRIn();     // 启用红外线接收。
    irrecv.blink13(true);    // 启用指示灯 L ( 数字引脚 13)。
}
// 主循环
void loop()
{
    if (irrecv.decode(&results))                // 接红外线数据并解码。
    {
            if (results.decode_type == NEC)     // 红外线为 NEC 格式?
                Serial.print("NEC:");           // 显示字符串 "NEC:"。
            else if (results.decode_type == SONY) // 红外线为 SONY 格式?
                Serial.print("SONY:");          // 显示字符串 "SONY:"。
            else if (results.decode_type == RC5)// 红外线为 RC5 格式?
                Serial.print("RC5:"); // 显示字符串 "RC5:"。
            else if (results.decode_type == RC6) // 红外线为 RC6 格式?
                Serial.print("RC6:"); // 显示字符串 "RC6:"。
            else if (results.decode_type == UNKNOWN)    // 未知的格式?
                Serial.print("UNKNOWN:"); // 显示字符串 "UNKNOWN:"。
            Serial.println(results.value, HEX); // 显示按键代码。
            irrecv.resume();         // 接收下一个红外线数据。
    }
}
```

练习

1. 设计 Arduino 程序，读取红外线遥控器的解码类型、按键代码以及代码位数，并显示到 "串口监视器" 窗口中。

2. 设计 Arduino 程序，使用红外线发射器的按键 1 来控制一个 LED 的亮 / 灭，每按一下按键 1，LED 的亮、灭状态都会改变。

5-5 制作红外线遥控自动机器人

图 5-19 所示为红外线遥控自动机器人的电路接线图，包含红外线遥控器、红外线接收模块、Arduino 控制板、马达驱动模块、马达部件和电源电路 6 个部分。

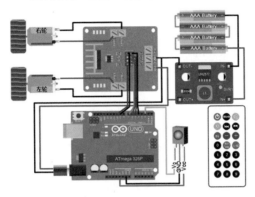

图 5-19　红外线遥控自动机器人的电路接线图

1. 红外线遥控器

使用 40mm×85mm 红外线遥控器，其中按键 2 为前进键、按键 8 为后退键、按键 6 为右转键、按键 4 为左转键、按键 5 为停止键。当然也可以使用其他红外线遥控器，但必须利用图 5-17 所示的红外线接收电路图先读取红外线遥控器的按键代码。

2. 红外线接收模块

将红外线接收模块的输出引脚 Vo 连接至 Arduino 控制板的数字引脚 2，再由 Arduino 控制板的 +5V 电源供电给红外线接收模块。

3. Arduino 控制板

Arduino 控制板为控制中心，检测红外线接收模块所接收到的按键代码，并按表 5-1 所示的红外线遥控自动机器人行走方向的控制策略，来驱动左、右两组减速直流马达，使自动机器人能够正确行走。

4. 马达驱动模块

马达驱动模块使用 L298 驱动芯片来控制两组减速直流马达，其中 IN1、IN2 输入信号控制左轮转向，而 IN3、IN4 输入信号控制右轮转向。另外，Arduino 控制板输出两组 PWM 信号连接到 ENA 和 ENB，分别控制左轮和右轮的转速。因为

马达有最小的启动扭矩电压，所输出的 PWM 信号平均值不可太小，以免无法驱动马达转动。PWM 信号只能小幅调整马达转速，如果需要较低的转速，则可改用较大减速比直流马达。

5. 马达部件

马达部件包含两组 300rpm/min（测试条件为 6V）的金属减速直流马达、两个固定座、两个 D 型接头 43mm 橡皮车轮和一个万向轮，橡皮材质的车轮比塑料材质的车轮摩擦力大而且易于控制。

6. 电源电路

电源模块包含 4 个 1.5V 一次性电池或 4 个 1.2V 充电电池及 DC-DC 升压模块。调整 DC-DC 升压模块中的 SVR1 可变电阻，使其输出升压至 9V，再将其连接 Arduino 控制板和马达驱动模块进行供电。如果使用的是两个 3.7V 的 18650 锂电池，就不需要再使用 DC-DC 升压模块了。每个容量 2000mAh 的 1.2V 镍氢电池的售价约 18 元，每个容量 3000mAH 的 18650 锂电池的售价约 50 元。

◻ **功能说明：**

使用 40mm×85mm 红外线遥控器控制自动机器人的行走。当按下按键 2 时，车子前进；当按下按键 8 时，车子后退；当按下按键 6 时，车子右转；当按下按键 4 时，车子左转；当按下按键 5 时，车子停止。

程序：ch5-2.ino

```
#include <IRremote.h>       // 使用 IRremote.h 函数库。
const int Rspeed=200;       // 右转转速控制。
const int Lspeed=200;       // 左转转速控制。
const int negR=4;  // 右轮马达负引脚。
const int posR=5;  // 右轮马达正引脚。
const int negL=6;  // 左轮马达负引脚。
const int posL=7;  // 左轮马达正引脚。
const int pwmR=9;  // 右轮马达转速控制引脚。
const int pwmL=10; // 左轮马达转速控制引脚。
const int Rspeed=200;       // 右轮马达转速控制参数。
const int Lspeed=200;       // 左轮马达转速控制参数。
long FOR=0xFF18E7; // 前进代码。
long BACK=0xFF4AB5;       // 后退代码。
long RIGHT=0xFF5AA5;      // 右转代码。
long LEFT=0xFF10EF;       // 左转代码。
long PAUSE=0xFF38C7;      // 停止代码。
const int RECV_PIN = 2;   // 使用数字引脚 2 读取 IR 接收模块数据。
IRrecv irrecv(RECV_PIN); // 设置数字引脚 2 读取 IR 接收器数据。
```

```
decode_results results;    //results 对象存储 IR 接收模块数据。
// 设置初值
void setup()
{
    pinMode(negR,OUTPUT); // 设置数字引脚 4 控制右轮负极。
    pinMode(posR,OUTPUT); // 设置数字引脚 5 控制右轮正极。
    pinMode(negL,OUTPUT);          // 设置数字引脚 6 控制左轮负极。
    pinMode(posL,OUTPUT); // 设置数字引脚 7 控制左轮正极。
    irrecv.enableIRIn();  // 启用红外线接收。
    irrecv.blink13(true); // 启用指示灯 L ( 数字引脚 13)。

}
// 主循环
void loop()
{
    if (irrecv.decode(&results))           // 接收红外线信号并解码。
    {
              irrecv.resume();                         // 准备接收下一个
信号。
              if(results.value==FOR)       // 按下 "前进" 键?
              forward(Rspeed,Lspeed);       // 自动机器人前进。
              else if(results.value==BACK) // 按下 "后退" 键?
              back(Rspeed,Lspeed);  // 自动机器人后退。
              else if(results.value==RIGHT)        // 按下 "右转" 键?
              right(Rspeed,Lspeed); // 自动机器人右转。
              else if(results.value==LEFT) // 按下 "左转" 键?
              left(Rspeed,Lspeed);  // 自动机器人左转。
              else if(results.value==PAUSE)        // 按下 "停止" 键?
              pause(0,0);            // 自动机器人停止。
    }
}
// 前进函数
void forward(byte RmotorSpeed, byte LmotorSpeed)
{
    analogWrite(pwmR,RmotorSpeed);       // 设置右轮转速。
    analogWrite(pwmL,LmotorSpeed);       // 设置左轮转速。
    digitalWrite(posR,HIGH);      // 右轮正转。
    digitalWrite(negR,LOW);
    digitalWrite(posL,LOW);       // 左轮反转。
    digitalWrite(negL,HIGH);

}
// 后退函数
void back(byte RmotorSpeed, byte LmotorSpeed)
{
    analogWrite(pwmR,RmotorSpeed);       // 设置右轮转速。
    analogWrite(pwmL,LmotorSpeed);       // 设置左轮转速。
    digitalWrite(posR,LOW);       // 右轮反转。
    digitalWrite(negR,HIGH);
```

107

```
    digitalWrite(posL,HIGH);        // 左轮正转。
    digitalWrite(negL,LOW);

}
// 停止函数
void pause(byte RmotorSpeed, byte LmotorSpeed)
{
    analogWrite(pwmR,RmotorSpeed);        // 设置右轮转速。
    analogWrite(pwmL,LmotorSpeed);        // 设置左轮转速。
    digitalWrite(posR,LOW);        // 右轮停止转动。
    digitalWrite(negR,LOW);
    digitalWrite(posL,LOW);        // 左轮停止转动。
    digitalWrite(negL,LOW);
}
// 右转函数
void right(byte RmotorSpeed, byte LmotorSpeed)
{
    analogWrite(pwmR,RmotorSpeed);        // 设置右轮转速。
    analogWrite(pwmL,LmotorSpeed);        // 设置左轮转速。
    digitalWrite(posR,LOW);        // 右轮停止。
    digitalWrite(negR,LOW);
    digitalWrite(posL,LOW);        // 左轮反转。
    digitalWrite(negL,HIGH);
}
// 左转函数
void left(byte RmotorSpeed, byte LmotorSpeed)
{
    analogWrite(pwmR,RmotorSpeed);        // 设置右轮转速。
    analogWrite(pwmL,LmotorSpeed);        // 设置左轮转速。
    digitalWrite(posR,HIGH);        // 右轮正转。
    digitalWrite(negR,LOW);
    digitalWrite(posL,LOW);        // 左轮停止。
    digitalWrite(negL,LOW);
}
```

练习

1. 设计 Arduino 程序，使用红外线遥控器控制自动机器人行走，增加车灯 Rled 和 Lled 连接到 Arduino 板的数字引脚 11 和 12。按键 9 控制 Rled 灯亮 / 灭；按键 7 控制 Lled 灯亮 / 灭。

2. 设计 Arduino 程序，使用红外线遥控器遥控自动机器人行走，增加两个车灯 Rled 和 Lled 分别连接到 Arduino 板的数字引脚 11 和 12。当自动机器人右转时，Rled 闪烁；当自动机器人左转时，Lled 闪烁；当自动机器人停止时，所有灯均不亮。

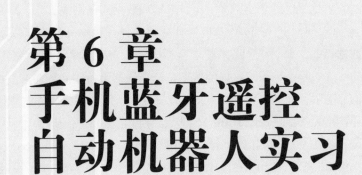

第 6 章
手机蓝牙遥控
自动机器人实习

6-1 认识蓝牙

蓝牙（Bluetooth）技术是由 Ericsson、IBM、Intel、NOKIA、Toshiba 五家公司共同推动的协议，标准版本 802.15.1 用于设计一个低成本、低功率、涵盖范围小的 RF 系统。因为蓝牙所使用的载波频段不需要申请牌照，大家都可以任意使用，所以有可能造成通信设备之间干扰的问题。蓝牙使用跳频扩频（Frequency Hopping Spread Spectrum，FHSS）技术，以减少互相干扰的机会。所谓 FHSS 技术，是指载波在极短的时间内快速不停地切换频率，每秒跳频 1600 次，这样不易受到电磁波的干扰，也可以使用加密保护来提高数据的保密性。

蓝牙适用于连接计算机与计算机、计算机与外围设备以及计算机与其他移动数据设备（如手机、游戏机、平板电脑、蓝牙耳机、蓝牙喇叭等）。在第 5 章所述的红外线是一种视距直射的传输，两个通信设备间必须对准，而且中间不能被其他物体阻隔，而蓝牙使用 2.4GHz 载波传输，传输不会受到物体阻隔的限制。每个蓝牙连接设备都是按照 IEEE 802 标准所制定的 48 位地址，可以一对一或一对多地连接。蓝牙 V2.0 传输率为 1Mbps，蓝牙 V2.0+EDR（Enhanced Data Rate）传输率为 3Mbps，蓝牙 V3.0+HS（High Speed）传输率为 24Mbps。一般蓝牙的传输距离约 10 米，蓝牙 4.0 最大传输距离可达 100 米。

6-2 认识蓝牙模块

图 6-1 所示为 HC 系列蓝牙模块，兼容于蓝牙 V2.0+EDR 规格，在其周边像邮票齿孔的地方为引脚，需要自行焊接于万孔板或专用底板上。用户可以买到的蓝牙模块为 HC-05 和 HC-06 两种编号，图 6-1(b) 所示为 HC-05 模块的主要引脚，图 6-1(c) 所示为 HC-06 模块的主要引脚。

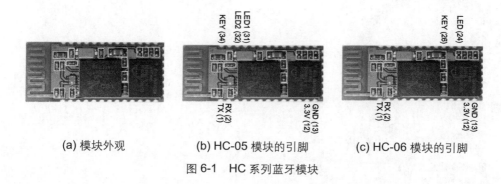

(a) 模块外观　　　　(b) HC-05 模块的引脚　　　　(c) HC-06 模块的引脚

图 6-1　HC 系列蓝牙模块

HC-05 同时具有主控端和从端（master/slave）两种工作模式，出厂前已默认为从端模式，但是可以使用 AT 命令来更改。HC-06 只具有主控端或从端其中一种工作模式，而且出厂前就已经设置好，不能再使用 AT 命令更改，市售 HC-06 模块多数设置为从端模式。在使用蓝牙模块时，必须特别注意电源和串口 RX、TX 的引脚，正确配对才能连接。蓝牙模块是一种能将原有的全双工串口 UART TTL 接口转换成无线蓝牙传输的设备。HC 系列蓝牙模块不限操作系统、不需要安装驱动程序就可以直接与各种单芯片连接，使用起来相当容易。HC-06 是较早期的版本，不能更改工作模式，可以使用的 AT 命令也相对较少，建议购买 HC-05 蓝牙模块。表 6-1 所示为 HC-05 蓝牙模块主要引脚的功能说明。

表 6-1　HC-05 蓝牙模块主要引脚的功能说明

模块引脚	功能说明
1	TXD：蓝牙串口传送引脚，连接至单芯片的 RXD 引脚
2	RXD：蓝牙串口接收引脚，连接至单芯片的 TXD 引脚
11	RESET：模块重置引脚，低电位操作，不用时可以空接
12	3.3V：电源引脚，电压范围为 3.0~4.2V，典型值为 3.3V
13	GND：模块接地引脚
31	LED1：工作状态指示灯，有 3 种状态，说明如下： (1) 模块通电同时令 KEY 引脚为高电位，此引脚输出 1Hz 方波（慢闪），表示进入 AT 命令响应模式，使用 38400 bps 的波特率 (2) 模块通电同时令 KEY 引脚为低电位，此引脚输出 2Hz 方波（快闪），表示进入自动连接模式。如果再令 KEY 引脚为高电位，可进入 AT 命令响应模式，但此引脚仍输出 2Hz 方波（快闪） (3) 配对完成时，此引脚每秒闪烁两下，也是 2Hz 频率
32	LED2：配对指示灯，未配对时输出低电位；配对完成时输出高电位
34	KEY：模式选择引脚，有两种模式。 (1) 当 KEY 为低电位或空接时，模块工作在自动连接模式 (2) 当 KEY 为高电位时，模块工作在 AT 命令响应模式

含底板的 HC-05 蓝牙模块

为了减少使用者在焊接上的麻烦，有些元件制造商会将蓝牙模块的 RXD、TXD、3.3V、GND、KEY、LED1、LED2 等主要引脚焊接组装成如图 6-2(a) 所示的含底板的 HC-05 蓝牙模块。如图 6-2(b) 所示为含底板 HC-05 蓝板模块所引出的 KEY、RXD、TXD、VCC50、VCC33 和 GND 引脚的名称。HC-05 蓝牙模块的工

作电压为 3.3V，而多数的单芯片工作电压为 5V，所以底板含一个 3.3V 的直流电压调整芯片（LD33V），将 5V 输入电压稳压为 3.3V 供电给模块使用，并且引出 VCC33 引脚。

(a) 模块外观

(b) 引脚图

图 6-2　含底板的 HC-05 蓝牙模块

6-2-1　蓝牙工作模式

蓝牙模块有两种工作模式，即自动连接（automatic connection）模式和命令响应（order response）模式，分述如下：

1. 自动连接模式

当蓝牙模块的 KEY 引脚为低电位或空接时，蓝牙模块工作在自动连接模式下，在自动连接模式下又可分为主（Master）、从（Slave）和响应测试（Slave-Loop）3 种工作模式。因为蓝牙模块只能点对点连接通信，所以必须先进行主、从配对连接，当配对连接成功后，才能开始进行数据传输。蓝牙在还未完成配对时的电流约为 30mA，配对后无论通信与否其电流约为 8mA，没有休眠模式。

2. 命令响应模式

当蓝牙模块的 KEY 引脚为高电位时，蓝牙模块工作在命令响应模式下。模块处于命令响应模式时，能执行所有 AT 命令（AT-command），使用者可以利用 AT 命令来设置蓝牙模块的所有参数。一般出厂时的参数默认为自动连接 Slave（从端）工作模式，波特率为 9600 bps 或 38400 bps、8 个数据位、无同步位（或起始位）和 1 个停止位的 8N1 格式。

6-2-2　蓝牙参数的设置

多数的蓝牙模块都能让用户自行调整参数，在出厂时默认为自动连接模式，使用预先设置好的参数传送或接收数据，模块本身并不会解读数据内容。如果要调整蓝牙模块的参数，必须进入命令响应模式来执行 AT 命令，AT 命令不是通过蓝牙无线传输来设置的，必须使用如图 6-3 所示的 USB 转 TTL 连接线将计算机的 USB 端口和蓝牙模块相连，再以串口监控软件（如 AccessPort 通信软件）输出 AT 命令来设置蓝牙参数。

(a) 连接线   (b) 引脚

图 6-3　USB 转 TTL 连接线

1. 连接方式

图 6-4 所示为 USB 转 TTL 连接线与蓝牙模块的连接方式，先将 USB 转 TTL 连接线的红线（VCC）、黑线（GND）、绿线（TXD）、白线（RXD）正确连接至蓝牙模块，再将 KEY 引脚连接至 VCC33 引脚，使蓝牙模块进入 AT 命令响应模式。

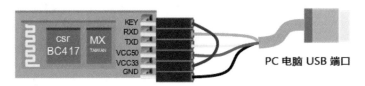

图 6-4　USB 通过 TTL 连接线与蓝牙模块的连接方式

2. 常用 AT 命令

蓝牙设置参数所使用的 AT 命令不区分字母大小写，而且都是以 "\r\n" 结束字符作结尾，只要输入 AT 命令后再按 Enter↵ 键即可产生结束字符。必须注意不同厂商的 AT 命令可能会有些不同，购买蓝牙模块时，最好向厂商索取 AT 命令规格书。因为蓝牙模块出厂时，所使用的模块名称相同容易造成干扰，在使用蓝牙模块前必须先更改蓝牙的名称。表 6-2 所示为本书所使用的 HC-05 蓝牙模块的常用 AT 命令说明。

表 6-2　HC-05 蓝牙模块的常用 AT 命令说明

AT 命令	响应	参数	功能说明
AT	OK	无	模块测试
AT+RESET	OK	无	模块重置
AT+ORGL	OK	无	恢复出厂设置状态
AT+NAME	+NAME: 参数 OK	模块名称，默认 HC-05	查询模块名称
AT+NAME= 参数	OK	设备名称	设置设备名称
AT+VERSION	+VERSION: 参数 OK	软件版本	读取软件版本
AT+ROLE	+ROLE: 参数 OK	0: 从（Slave） 1: 主（Master） 2: 响应（Slave-Loop）	读取模块工作模式
AT+ROLE= 参数	OK	0: 从（Slave） 1: 主（Master） 2: 响应（Slave-Loop）	设置模块工作模式
AT+PSWD	+PSWD: 参数 OK	配对码，默认为 1234	查询模块配对码
AT+PSWD= 参数	OK	配对码	设置模块配对码
AT+UART	+UART= 参数 1, 参数 2, 参数 3OK	参数 1: 波特率，默认 9600 参数 2: 停止位，默认 0 参数 3: 同步位，默认 0	查询模块串口参数
AT+UART= 参数 1, 参数 2, 参数 3	OK	参数 1: 波特率 参数 2: 停止位 参数 3: 同步位	设置模块串口 参数 1: 波特率 4800,9600,19200 38400,57600,115200, 230400,460800, 921600,1382400 参数 2: 停止位 0:1 位 ,1:2 位 参数 3: 同步位 0:None,1:Odd,2:Even

3. 测试蓝牙模块

STEP 1

A. 如图 6-4 所示，利用"USB 转 TTL 连接线"将蓝牙模块与 PC 计算机连接。

B. 依次单击"控制面板"→"系统"→"硬件"→"设备管理器"→"端口(COM 和 LPT)"，查看端口名称，本例为 COM8，如图 6-5 所示。

图 6-5　查看蓝牙与 PC 机连接的情况

STEP 2

A. 打开 AccessPort 通信软件的设置界面，设置端口和通信协议，如图 6-6 所示。

B. 更改串行端口的设置，使用与蓝牙模块相同的串口 COM8 和波特率 9600bps，如图 6-7 所示。

图 6-6　打开 AccessPort 通信软件的设置界面

图 6-7　更改串行端口的设置

STEP 3

A. 在"发送"窗口中输入"AT"后，按键盘上的 Enter ↵ 键，产生"\r\n"结束字符。

B. 单击"发送数据"按钮，将 AT 命令发送到蓝牙模块。

C. 如果蓝牙模块已连接，就会响应"OK"并显示在接收窗口中。

上述步骤如图 6-8 所示。

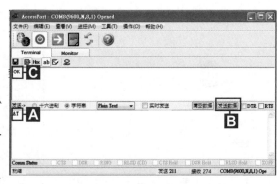

图 6-8　更改串口的设置

STEP 4

A. 在接收窗口单击清除按钮，清除窗口内容。

B. 在发送窗口中单击"清空数据"按钮，清除窗口内容。

上述步骤如图 6-9 所示。

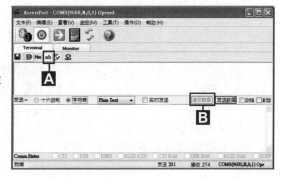

图 6-9　清除接收窗口和发送窗口的内容

4. 查询蓝牙模块的名称

A. 在发送窗口中输入"AT+NAME"，再按下计算机键盘上的 Enter ↵ 键。

B. 单击"发送数据"按钮，将 AT 命令发送到蓝牙模块。

C. 蓝牙模块响应并显示模块名称"+NAME:HC-05"和"OK"到接收窗口中。

上述步骤如图 6-10 所示。

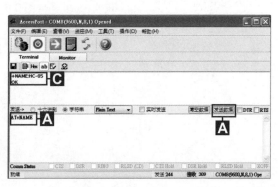

图 6-10　查询蓝牙模块的名称

5. 设置蓝牙模块的名称

STEP 1

A. 在发送窗口中输入 "AT+NAME=BTcar"，再按下计算机键盘上的 Enter 键。

B. 单击"发送数据"按钮，将 AT 命令发送到蓝牙模块。

C. 蓝牙模块响应"OK"，并显示在接收窗口中。

上述步骤如图 6-11 所示。

图 6-11　设置蓝牙模块的名称

STEP 2

A. 清除接收窗口的内容。

B. 清除发送窗口的内容。

C. 在发送窗口中输入 "AT+NAME"，再按下计算机键盘上的 Enter 键。

D. 单击"发送数据"按钮，将 AT 命令发送到蓝牙模块。

E. 蓝牙模块响应并显示新设置的模块名称 BTcar。

上述步骤如图 6-12 所示。

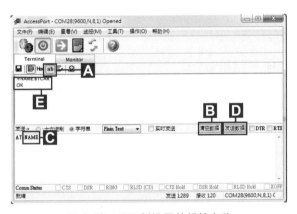

图 6-12　显示新设置的模块名称

6-2-3　SoftwareSerial.h 函数库

在 Arduino 硬件中已内建支持串行通信 UART 的功能，使用数字引脚 0 作为接收端（Receiver，RX），数字引脚 1 作为发送端（Transmitter，TX）。有时我们可能需要使用多个串口，例如本章蓝牙模块必须使用串行通信，可能互相干扰而造成系统宕机。Arduino 编译程序内建 SoftwareSerial.h 函数库，使用软件来复制多个软件串口。SoftwareSerial.h 函数库允许使用其他数字引脚来进行串行通信，最大速度可达 115200 bps。

SoftwareSerial.h 函数库使用软件来复制串口，如果同时使用多个软件串口时，一次只能有一个串口可以传输数据。在 SoftwareSerial( ) 函数中有 RX 和 TX 两个参数必须设置，第一个参数 RX 是设置接收端所使用的数字引脚，第二个参数 TX 是设置发送端所使用的数字引脚。在本章中的蓝牙模块使用 Arduino 控制板的数字引脚 3 作为接收端 RX，数字引脚 4 作为发送端 TX。

> 格式：SoftwareSerial(RX,TX)
>
> 范例：#include <SoftwareSerial.h>　　// 使用 SoftwareSerial.h 函数库。
> SoftwareSerial mySerial(3,4);　　// 设置数字引脚 3 为 RX，数字引脚 4 为 TX。

6-2-4 使用 Arduino IDE 设置蓝牙参数

在 Arduino 硬件中已经内建了 USB 接口芯片，可以将 USB 信号转换成 TTL 信号，因而可以取代图 6-3 所示的 USB 转 TTL 连接线。另外，Arduino IDE 的"串口监视器"窗口也可以取代 AccessPort 通信软件的使用。

1. 硬件接线

图 6-13 所示为使用 Arduino IDE 设置蓝牙参数的电路接线图，将 Arduino UNO 板与 PC 计算机 USB 端口连接，由 Arduino 板的 +5V、GND 电源供电给蓝牙模块。Arduino 板的数字引脚 3（设置为 RXD）与蓝牙模块的 TXD 连接，Arduino 板的数字引脚 4（设置为 TXD）与蓝牙模块的 RXD 连接。另外，必须将蓝牙模块的 KEY 引脚连接到 Arduino 板的 +3.3V 电源引脚，使蓝牙模块进入 AT 命令响应模式。

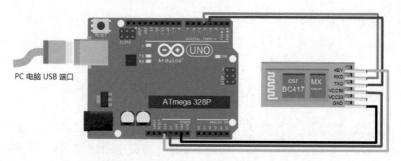

图 6-13　使用 Arduino IDE 设置蓝牙参数的电路接线图

2. 软件程序

程序：ch6-1.ino

```
范例：
#include <SoftwareSerial.h>                // 使用 SoftwareSerial.h 函数库。
SoftwareSerial BluetoothSerial(3,4);       // 设置 RX( 数字引脚 3)、TX( 数字引脚
        4)。
void setup()                              // 设置初值、参数。
{
Serial.begin(9600);                       // 设置串口速率为 9600bps。
BluetoothSerial.begin(9600);              // 设置蓝牙模块速率为 9600bps。
}
void loop()

            // 主循环。
{
if(BluetoothSerial.available())            // 蓝牙模块接收到数据？
Serial.write(BluetoothSerial.read());      // 读取并显示到 Arduino 串口监视器中。
else if(Serial.available())                //Arduino 接收到数据？
    BluetoothSerial.write(Serial.read());  // 将数据写入蓝牙模块中。
}
```

3. 测试蓝牙模块

STEP 1

A. 打开 CH6-1.ino 并上传到 Arduino UNO 板中。

B. 打开 "串口监视器" 窗口。

上述步骤如图 6-14 所示。

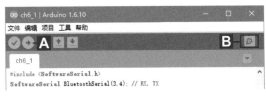

图 6-14　上传范例程序到 Arduino UNO 版，并打开 "串口监视器" 窗口

STEP 2

A. 蓝牙模块的通信速率出厂默认为 9600bps。因此，必须设置 Arduino 板的通信速率为 9600bps。

B. 将 "没有行结束符" 改为 "换行和回车"，才能执行 AT 命令。

上述步骤如图 6-15 所示。

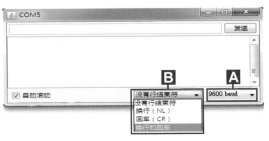

图 6-15　设置蓝牙模块的通信速率，再设为 "换行和回车" 方式

STEP **3**

A. 在发送窗口中输入"AT"命令。

B. 单击 发送 按钮或者按键盘上的 Enter↵ 键，将命令发送到蓝牙模块。

C. 如果蓝牙正确连接了，在接收窗口中会返回"OK"信息。

上述步骤如图 6-16 所示。

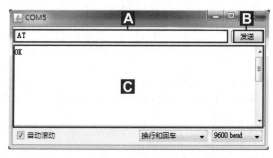

图 6-16　输入 AT 命令，并发送给蓝牙模块

4. 设置蓝牙模块的名称

A. 在发送窗口中输入"AT+NAME＝BTcar"命令，将蓝牙模块的名称改为"BTcar"。

B. 单击 发送 按钮或者按键盘上的 Enter↵ 键，将命令发送到蓝牙模块。

C. 如果设置成功，在接收窗口中会返回"OK"信息。

上述步骤如图 6-17 所示。

5. 查询蓝牙模块的名称

A. 在发送窗口中输入"AT+NAME"命令。

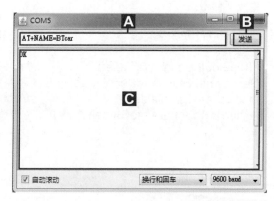

图 6-17　设置蓝牙模块的名称

B. 单击 发送 按钮或者计算机键盘上的 Enter↵ 键，将命令发送到蓝牙模块。

C. 如果蓝牙接收到命令，就返回"+NAME:BTcar"和"OK"信息到接收窗口中。

上述步骤如图 6-18 所示。

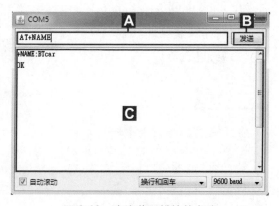

图 6-18　查询蓝牙模块的名称

6. 查询蓝牙的串口参数

A. 在发送窗口中输入 "AT+UART" 命令。

B. 单击 发送 按钮或者按键盘上的 Enter 键，将命令发送到蓝牙模块。

C. 若蓝牙接收到命令，则会返回 "+UART:9600,0,0" 和 "OK" 等信息到接收窗口中。

上述步骤如图 6-19 所示。

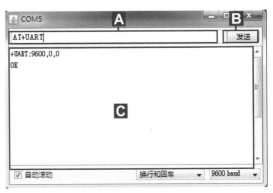

图 6-19　查询蓝牙的串口参数

6-3　认识手机蓝牙模块

　　蓝牙模块已经是智能移动设备的基本配备，它可以让您与他人分享文件，也可以与其他蓝牙设备（如耳机、喇叭等）进行无线通信。无论您想利用蓝牙来做什么工作，第一个步骤都是先将您的手机与其他蓝牙设备进行配对。所谓配对，是指设置蓝牙设备而使其可以连接到手机的过程。下面以 Android 手机来说明配对过程。

STEP 1

A. 打开 Android 手机的 "设置" 窗口，并打开（ON）蓝牙装置。

B. 点击 "蓝牙" 选项开始进行配对。

上述步骤如图 6-20 所示。

图 6-20　打开 "设置" 窗口，单击 "蓝牙" 选项开始进行配对

STEP 2

A. 在"已配对设备"中会出现 BTCAR 蓝牙设备，之后就可以使用手机蓝牙遥控 App 程序进行连接。

B. 如果要改用其他蓝牙设备，可以点击"搜索设备"按钮，开始搜索未配对的蓝牙设备，如图 6-21 所示。

STEP 3

A. 手机会在"可用设备"字段中列出搜索到的可用蓝牙设备。

B. 以 HC-07 为例，单击 HC-07 进行配对，如图 6-22 所示。

图 6-21　查看已配对蓝牙设备，可以继续搜　　图 6-22　选择列出的可用蓝牙设备进行配对
　　　　　索未配对的蓝牙设备

STEP 4

A. 利用下列键盘输入该设备的 PIN 码，出厂默认值通常是 1234 或 0000。

B. 输入该设备的 PIN 码后，再点击"确定"按钮。

上述步骤如图 6-23 所示。

STEP 5

A. 配对完成后，在"已配对设备"中会出现 HC-07 蓝牙设备。之后就可以使用手机蓝牙遥控 App 程序，开始进行连接操作，如图 6-24 所示。

图 6-23 输入设备的 PIN 码

图 6-24 配对完成

6-4 认识手机蓝牙遥控自动机器人

所谓手机蓝牙遥控自动机器人，是指利用手机应用程序（Application，App），通过手机蓝牙设备发送信号来遥控自动机器人执行前进、后退、右转、左转及停止等行走动作。

本章使用 App Inventor 2 编写手机蓝牙遥控程序，并且存储在 ini/BTcar.aia 文件夹中，在正确下载和安装手机蓝牙遥控 App 程序后，必须与接收电路进行蓝牙配对连接，连接成功后即可遥控自动机器人执行前进、后退、右转、左转及停止等行走动作。

表 6-3 所示为手机蓝牙遥控自动机器人行走方向的控制策略，利用手机 App 触控键来控制手机蓝牙遥控自动机器人执行前进、后退、右转、左转及停止等行走动作。

表 6-3　手机蓝牙遥控自动机器人行走方向的控制策略

App 触控按键		按键代码	控制策略	左轮	右轮
	前进	1	前进	反转	正转
	后退	2	后退	正转	反转
	右转	3	右转	反转	停止
	左转	4	左转	停止	正转
	停止	0	停止	停止	停止

认识 App Inventor

Android 中文名为"安卓",是由 Google(谷歌)公司特别为移动设备所设计的,以 Linux 核心为基础的开放源码操作系统,主要应用在智能手机和平板电脑等移动设备上。Android 英文单词的原意为"机器人",使用如图 6-25 所示的 Android 绿色机器人符号来代表一个轻薄简短、功能强大的操作系统。Android 操作系统完全免费,厂商不用经过 Google 公司的授权,就可以任意使用,但必须尊重其知识产权。

图 6-25　Android 绿色机器人符号

Android 操作系统支持键盘、鼠标、相机、触控屏幕、多媒体、绘图、动画、无线设备、蓝牙设备、GPS 以及加速度计、陀螺仪、气压计、温度计等传感器。虽然使用 Android 原生程序代码来开发手机应用程序最能直接控制这些设备,但是繁杂的程序代码对于一个初学者来说往往是最困难的。所幸 Google 实验室开发出了 Android 手机应用程序的开发平台 App Inventor,舍弃了复杂的程序代码,改用视觉导向的程序拼图或积木堆砌来完成 Android 应用程序。Google 公司已于 2012 年 1 月 1 日将 App Inventor 开发平台移交给麻省理工学院(Massachusetts Institute of Technology,MIT)移动学习中心继续维护和开发,并于同年 3 月 4 日以 MIT App Inventor 名称发布使用。目前 MIT 移动学习中心已发布最新版本 App Inventor 2。本章所使用的手机端蓝牙遥控程序就是以 App Inventor 2 完成的。

1. 安装 App Inventor 2 开发工具

App Inventor 2 为全云计算的开发环境,所有操作都必须在浏览器上完成(建议使用 Google Chrome),在设计 Android App 应用程序之前,必须先注册一个 Gmail 账号,并且安装完成 App Inventor 2 开发工具,安装方法请参考下面的说明。

STEP 1

A. 打开网址 appinventor.mit.edu/explore/ai2/setup-emulator。

B. 单击"Instructions for Windows"。

上述步骤如图 6-26 所示。

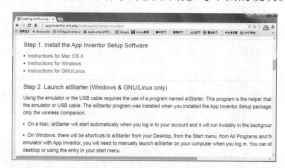

图 6-26　打开 App Inventor 2 网站,选择合适的安装版本

STEP 2

A. 在 新 窗 口 中 单 击
"Download the
installer",开始下载文
件,如图 6-27 所示。

图 6-27 单击"Download the installer",开始下载文件

STEP 3

A. 下 载 完 成 后, 执 行
MIT_App_Inventor_
Tools_2.3.0_win_setup.
exe。

B. 按照对话框指示,单击
"Next"按钮进行安装,
完成后就可以开始使用
App Inventor 2 来 设 计
App 应用程序。

上述步骤如图 6-28 所示。

图 6-28 下载完成后安装 App Inventor 2

2. 创建第一个 App Inventor 2 项目

本文主旨在讨论如何使用 App Inventor 2 编写手机蓝牙 App 程序,如果想要更
详细地了解 App Inventor 2 的使用方法,请参考相关 App Inventor 2 的书籍。下面
我们使用一个简单的范例,让您可以快速熟悉 App Inventor 2 的开发流程。

STEP 1

A. 必须使用 Google Chrome
浏览器,输入网址"ai2.
appinventor.mit.edu",
页面会自动导向 Google
账户的登录页面。

B. 输入注册的账号、密码后,
单击"登录"按钮。

上述步骤如图 6-29 所示。

图 6-29 用 Google 账号登录 App Inventor 2

STEP 2

A. 单击"Allow"按钮进入 App Inventor 2 项目管理页面，如图 6-30 所示。

图 6-30　单击"Allow"按钮进入 App Inventor 2 项目管理画面

STEP 3

A. 单击"Start new project"按钮，创建一个新的项目。

B. 在项目名称中输入 firstApp。

C. 单击"OK"按钮，完成创建项目的操作。

上述步骤如图 6-31 所示。

图 6-31　创建一个 App Inventor 2 新项目

STEP 4

A. 项目名称：在左上角会出现项目名称"firstApp"。

B. 调色板 (Palette) 区：此区中有常用的对象，使用方法与 Visual Basic 相似。

C. 界面设计区：手机 App 程序显示页面，以"所见即所得"的方式来设计手机界面。

D. 组件 (Components) 区：界面设计区所使用的对象及其属性的设置。

上述步骤如图 6-32 所示。

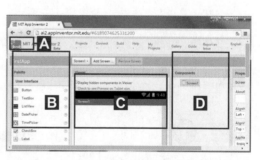

图 6-32　App Inventor 2 网页的各个功能区

STEP 5

A. 单击"My Projects"可以进入项目管理页面。

B. 单击项目名称"firstApp"可以进入版面设置页面。

上述步骤如图 6-33 所示。

图 6-33　进入项目管理页面和版面设置页面的方法

STEP 6

A. 单击并拖曳"Label"对象至界面设计区。

B. 更改"Label"对象属性：

(1) 粗体 (FontBold)：勾选

(2) 字体大小 (FontSize)：18

(3) 宽度 (Width)：Fill⋯

(4) 文字 (text)：Hello,App Inventor 2

(5) 对齐 (Alignment)：居中

(6) 颜色 (Color)：红色

上述步骤如图 6-34 所示。

图 6-34　创建 Label 对象并设置属性

STEP 7

A. 下拉"Build"并单击"App(provide QR code for.apk)"，创建 App 应用程序 firstApp 的 QR code（二维码），如图 6-35 所示。

图 6-35　创建应用程序的二维码

STEP 8

A. 使用 QuickMark 应用程序扫描 firstApp 所产生的 QR code（二维码），如图 6-36 所示。

B. 手机扫描完成后，下载并安装 firstApp 程序，即可在手机屏幕上显示所设计的文字"Hello,App Inventor 2"。

图 6-36　扫描二维码来安装应用程序

STEP 9

A. 如果不能顺利安装 App 程序，必须打开手机中的"设置"→"安全"→"未知来源"，勾选"未知来源"复选框。允许从未知的来源安装应用程序，而不限定只能安转来自 Play Store 的应用程序，如图 6-37 所示。

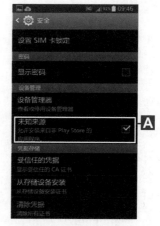

图 6-37　设置允许从未知的来源安装应用程序

6-5　制作手机蓝牙遥控自动机器人

手机蓝牙遥控自动机器人包含手机蓝牙遥控 App 程序和蓝牙遥控自动机器人电路两个部分，其中手机蓝牙遥控 App 程序使用 App Inventor 2 来完成，而蓝牙遥控自动机器人电路主要使用 Arduino UNO 板和 HC-05 蓝牙模块来搭建。

6-5-1　手机蓝牙遥控 App 程序

图 6-38 所示为手机蓝牙遥控 App 程序。使用 Android 手机中的二维码（Quick Response code，QR code）扫描软件（如 QuickMark 等）来扫描如图 6-38(a) 所示的手机蓝牙遥控 App 程序对应的二维码，以便下载和安装。安装完成后可以启动如图 6-38(b) 所示的控制界面。

(a) 二维码安装文件　　　　　　　(b) 手机蓝牙控制界面

图 6-38　手机蓝牙遥控 App 程序

☐ **功能说明：**

　　打开如图 6-38(b) 所示的蓝牙控制界面，单击 连接 按钮显示已配对的蓝牙设备，选择所使用蓝牙设备的名称（本例为 BTcar）与 Arduino 蓝牙遥控自动机器人进行配对连接。

　　连接后就可以用手机蓝牙遥控自动机器人执行前进、后退、右转、左转和停止等行走动作。当单击 前进 按钮时，发送前进控制码 1，控制自动机器人向前行走。当单击 后退 按钮时，发送后退控制码 2，控制自动机器人后退。当单击 右转 按钮时，发送右转控制码 3，控制自动机器人右转。当单击 左转 按钮时，发送左转控制码 4，控制自动机器人左转。当单击 停止 按钮时，发送停止控制码 0，控制自动机器人停止行走。

6-5-2 修改手机蓝牙遥控 App 程序的界面设置

　　如果想修改手机蓝牙遥控 App 程序的界面设置，可以利用 App Inventor 2 软件打开本书提供的下载文件夹中的 /ini/BTcar.aia 文件，步骤如下：

STEP 1

A. 单击菜单中的〝Projects〞选项。

B. 在打开的下拉菜单中单击〝Import project(.aia) from my computer〞。

上述步骤如图 6-39 所示。

图 6-39　从本地计算机导入项目到 App Inventor 2 网页上

STEP 2

A. 单击〝选择文件〞按钮，选择文件夹并打开 ini/BTcar.aia 文件。

B. 单击〝OK〞按钮确认。

上述步骤如图 6-40 所示。

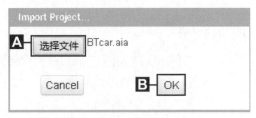

图 6-40　选择 BTcar.aia 文件导入到 App Inventor 2 中

STEP 3

A. 打开 BTcar 文件后，即可进行修改，如图 6-41 所示。有关 App Inventor 2 的使用方法，请参考相关书籍。

图 6-41　打开 BTcar 文件后，即可进行修改

手机蓝牙遥控 App 程序拼图

程序：BTcar.aia

1. 打开 App 程序初始化手机界面，启用 连接 按钮，禁用其他按钮。

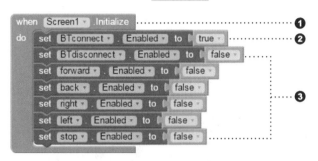

❶ 启动 App 程序时的初始化（Initialize）操作。
❷ 启用"连接"按钮。
❸ 禁用"断开""前进""后退""右转""左转"和"停止"按钮。

2. 单击 连接 按钮后，手机开始搜索并显示所有可连接的蓝牙设备的地址及名称，本例所要连接的蓝牙设备名称为 BTcar。

```
when BTconnect .BeforePicking
do  set BTconnect . Elements to  BluetoothClient1 . AddressesAndNames
```

3. 与 Arduino 蓝牙自动机器人配对连接成功后，启用"前进""后退""右转""左转""停止"控制按钮，并且发送停止控制码 0，初始化自动机器人在停止状态。

```
when BTconnect . AfterPicking ...................... ❶
do  if  call BluetoothClient1 .Connect ............ ❷
                   address  BTconnect . Selection  ❸
    then set BTconnect . Enabled to  false
         set BTdisconnect . Enabled to  true
         set forward . Enabled to  true
         set back . Enabled to  true            ❹
         set right . Enabled to  true
         set left . Enabled to  true
         set stop . Enabled to  true
         call BluetoothClient1 .SendText
                   text  " 0 "                   ❺
```

❶ 在选择蓝牙设备后（AfterPicking）的操作。

131

❷ 与所选择（Selection）的蓝牙设备进行配对连接（Connect）。

❸ 禁用"连接"按钮。

❹ 启用"断开""前进""后退""右转""左转"和"停止"按钮。

❺ 发送"停止"控制码 0，初始化蓝牙自动机器人在停止状态。

4. 蓝牙断开时，启用 连接 按钮，禁用其他按钮。

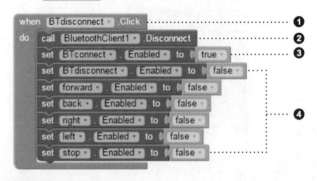

❶ 单击蓝牙 断开 按钮后的操作。

❷ 与连接中的蓝牙设备断开（Disconnect）。

❸ 启用"连接"按钮。

❹ 禁用"断开""前进""后退""右转""左转""停止"等按钮。

5. 单击"停止""前进""后退""右转"或"左转"按钮时，分别送出相对应的控制码 0、1、2、3、4。

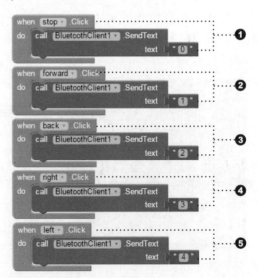

❶ 单击"停止"按钮，发送控制码 0 到 Arduino 蓝牙自动机器人，使车子停止。

❷ 单击"前进"按钮，发送控制码 1 到 Arduino 蓝牙自动机器人，使车子前进。

❸ 单击"后退"按钮，发送控制码 2 到 Arduino 蓝牙自动机器人，使车子后退。

❹ 单击"右转"按钮，发送控制码 3 到 Arduino 蓝牙自动机器人，使车子右转。

❺ 单击"左转"按钮，发送控制码 4 到 Arduino 蓝牙自动机器人，使车子左转。

6-5-3 蓝牙遥控自动机器人的电路

图 6-42 所示为蓝牙遥控自动机器人的电路接线图，包含蓝牙模块、Arduino 控制板、马达驱动模块、马达部件和电源电路 5 个部分。

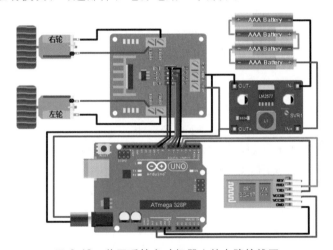

图 6-42　蓝牙遥控自动机器人的电路接线图

1. 蓝牙模块

蓝牙模块由 Arduino 控制板的 +5V 供电，并将蓝牙模块的 RXD 引脚连接到 Arduino 控制板的数字引脚 4（TXD），蓝牙模块的 TXD 引脚连接到 Arduino 控制板的数字引脚 3（RXD），引脚不可接错，否则蓝牙无法连接。本章所使用的蓝牙模块默认名称为 HC-05，但为了避免互相干扰，已经把蓝牙模块的名称更改为 BTcar。如果是多人同时使用蓝牙模块，建议更改为 BTcar1、BTcar2、BTcar3 等。

2. Arduino 控制板

Arduino 控制板为控制中心，检测从手机蓝牙遥控 App 程序通过手机蓝牙设备所发送的自动机器人行走控制码，来驱动左、右两组减速直流马达，使自动机器人能正确行走。

3. 马达驱动模块

马达驱动模块使用 L298 驱动芯片来控制两组减速直流马达，其中 IN1、IN2 输入信号控制左轮转向，而 IN3、IN4 输入信号控制右轮转向。另外，Arduino 控制板输出两组 PWM 信号连接到 ENA 和 ENB，分别控制左轮和右轮的转速。因为马达有最小的启动扭矩电压，所输出的 PWM 信号平均值不可太小，以免无法驱动马达转动。PWM 信号只能微调马达转速，如果需要较低的转速，可改用较大减速比的直流马达。

4. 马达部件

马达部件包含两组 300rpm/min（测试条件为 6V）的金属减速直流马达、两个固定座、两个 D 型接头 43mm 橡皮车轮和一个万向轮，橡皮材质的轮子比塑料材质的轮子摩擦力大而且易于控制。

5. 电源电路

电源模块包含 4 个 1.5V 一次性电池或 4 个 1.2V 充电电池及 DC-DC 升压模块，调整 DC-DC 升压模块中的 SVR1 可变电阻，使输出升压至 9V，再将其连接到 Arduino 控制板和马达驱动模块以给它们供电。如果使用的是两个 3.7V 的 18650 锂电池，就不需要再使用 DC-DC 升压模块了。每个容量 2000mAh 的 1.2V 镍氢电池的售价约 18 元，每个容量 3000mAh 的 18650 锂电池的售价约 50 元。

❑ **功能说明：**

蓝牙遥控自动机器人的电路接收来自手机蓝牙遥控 App 程序所发送的控制码。当接收到前进控制码 1 时，自动机器人向前行走。当接收到后退控制码 2 时，自动机器人后退。当接收到右转控制码 3 时，自动机器人右转。当接收到左转控制码 4 时，自动机器人左转。当接收到停止控制码 0 时，自动机器人停止行走。

程序：ch6-2.ino（蓝牙遥控自动机器人程序）

```
#include <SoftwareSerial.h>          // 使用 SoftwareSerial.h 函数库。
SoftwareSerial mySerial(3,4);        // 设置数字引脚 3 为 RXD、数字引脚 4 为 TXD。
const int negR=5;  // 右轮马达负极。
const int posR=6;  // 右轮马达正极。
const int negL=7;  // 左轮马达负极。
const int posL=8;  // 左轮马达正极。
const int pwmR=9;  // 右轮马达转速控制。
```

```
const int pwmL=10; // 左轮马达转速控制。
const int Rspeed=200;      // 右轮马达转速初值。
const int Lspeed=200;      // 左轮马达转速初值。
char val;                          // 手机蓝牙遥控 App 程序发送的控制码。
// 设置初值
void setup()
{
    pinMode(posR,OUTPUT); // 设置数字引脚 5 为输出端口。
    pinMode(negR,OUTPUT); // 设置数字引脚 6 为输出端口。
    pinMode(posL,OUTPUT); // 设置数字引脚 7 为输出端口。
    pinMode(negL,OUTPUT);               // 设置数字引脚 8 为输出端口。
    mySerial.begin(9600); // 设置蓝牙通信端口速率为 9600bps。
}
// 主循环
void loop()
{
    if(mySerial.available())         // 蓝牙已接收到控制码?
    {
                val=mySerial.read();  // 读取控制码。
                val=val-'0';               // 将字符数据转成数值数据。
                if(val==0)        // 控制码为 0 ?
                pause(0,0);     // 车子停止。
                else if(val==1)       // 控制码为 1 ?
                forward(Rspeed,Lspeed);        // 车子前进。
                else if(val==2)       // 控制码为 2 ?
                back(Rspeed,Lspeed);  // 车子后退。
                else if(val==3)       // 控制码为 3 ?
                right(Rspeed,Lspeed); // 车子右转。
                else if(val==4)       // 控制码为 4 ?
                left(Rspeed,Lspeed);  // 车子左转。
    }
}
// 前进函数
void forward(byte RmotorSpeed, byte LmotorSpeed)
{
                analogWrite(pwmR,RmotorSpeed);       // 设置右轮转速。
                analogWrite(pwmL,LmotorSpeed);        // 设置左轮转速。
                digitalWrite(posR,HIGH);       // 右轮正转。
                digitalWrite(negR,LOW);
                digitalWrite(posL,LOW);     // 左转反转。
                digitalWrite(negL,HIGH);
}
// 后退函数
void back(byte RmotorSpeed, byte LmotorSpeed)
{
                analogWrite(pwmR,RmotorSpeed);       // 设置右轮转速。
```

```
                analogWrite(pwmL,LmotorSpeed);          // 设置左轮转速。
        digitalWrite(posR,LOW);          // 右轮反转。
        digitalWrite(negR,HIGH);
        digitalWrite(posL,HIGH);         // 左轮正转。
        digitalWrite(negL,LOW);
}
// 停止函数
void pause(byte RmotorSpeed, byte LmotorSpeed)
{
        analogWrite(pwmR,RmotorSpeed);        // 设置右轮转速。
        analogWrite(pwmL,LmotorSpeed);        // 设置左轮转速。
        digitalWrite(posR,LOW);          // 右轮停止。
        digitalWrite(negR,LOW);
        digitalWrite(posL,LOW);          // 左轮停止。
        digitalWrite(negL,LOW);
}
// 右转函数
void right(byte RmotorSpeed, byte LmotorSpeed)
{
            analogWrite(pwmR,RmotorSpeed);          // 设置右轮转速。
            analogWrite(pwmL,LmotorSpeed);          // 设置左轮转速。
            digitalWrite(posR,LOW);          // 右轮停止。
            digitalWrite(negR,LOW);
            digitalWrite(posL,LOW);          // 左轮反转。
            digitalWrite(negL,HIGH);
}
// 左转函数
void left(byte RmotorSpeed, byte LmotorSpeed)
{
        analogWrite(pwmR,RmotorSpeed);        // 设置右轮转速。
        analogWrite(pwmL,LmotorSpeed);        // 设置左轮转速。
        digitalWrite(posR,HIGH);         // 右轮正转。
        digitalWrite(negR,LOW);
        digitalWrite(posL,LOW);          // 左轮停止。
        digitalWrite(negL,LOW);
}
```

练习

1. 设计 Arduino 程序，使用手机蓝牙遥控自动机器人执行前进、后退、右转、左转和停止等行走动作。增加车灯 Rled 和 Lled 连接到 Arduino 板的数字引脚 11 和 12，当自动机器人右转时，右车灯 Rled 亮；当自动机器人左转时，左车灯 Lled 亮。

2. 设计 Arduino 程序，使用手机蓝牙遥控自动机器人执行前进、后退、右转、左转和停止等行走动作。增加车灯 Rled 和 Lled 连接到 Arduino 板的数字引脚 11 和 12，当自动机器人右转时，右车灯 Rled 闪烁；当自动机器人左转时，左车灯 Lled 闪烁。

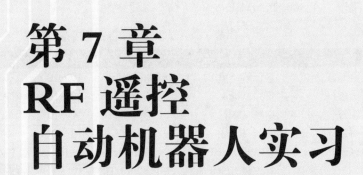

第 7 章
RF 遥控
自动机器人实习

7-1 认识 RF

1901 年意大利科学家马可尼（Guglielmo Marconi）成功地将电磁波信号从英国越过 2500 公里的大西洋传送到加拿大的纽芬兰。这种电磁波信号称为射频（Radio Frequency，RF），频率在 300GHz 以下，是指在空中（包括空气和真空）传播的电磁波，利用地球电离层的反射，进行远距离的传输。时至今日，无线电通信与人类生活已经密不可分。电磁波的速度与光速相同，在真空中的光速 $v=3\times10^8$ 米 / 秒，等于波长 λ 与频率 f 的乘积。如表 7-1 所示为国际电信联合会（International Telecommunication Union，ITU）的频谱划分表，常用的 RF 模块频率范围在 300~3000MHz 之间，属于微波波段。

表 7-1　国际电信联合会的频谱划分表

波段		频段命名	频率范围	波长（米）	用途
甚长波		甚低频（VLF）	3~30kHz	10^4~10^5	声音
长波		低频（LF）	30~300kHz	10^3~10^4	国际广播
中波		中频（MF）	300~3000kHz	10^2~10^3	AM 广播
短波		高频（HF）	3~30MHz	10~10^2	民间电台
米波		甚高频（VHF）	30~300MHz	1~10	FM 广播
微波	分米波	特高频（UHF）	300~3000MHz	10^{-1}~1	电视广播、无线通信
	厘米波	极高频（SHF）	3~30GHz	10^{-2}~10^{-1}	电视广播、雷达
	毫米波	至高频（EHF）	30~300GHz	10^{-3}~10^{-2}	遥测 (Remote Sensing)

7-2 认识 RF 模块

图 7-1 所示为益众科技公司所生产的远距离、低成本的 RF 无线模块 SHY-J6122TR-315，包含发射模块和接收模块。

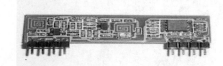

(a) 发射模块　　　　　　　　　　　　　　(b) 接收模块

图 7-1　RF 无线模块 SHY-J6122TR-315

RF 模块包含发射模块和接收模块，使用 315MHz 射频，最大接收灵敏度为 -10^3dBm，采用幅移键控调制（Amplitude Shift Keying，ASK）方式。ASK 调制是最基本的数字调制技术之一，利用载波振幅的大或小来区别所发送的位为逻辑 1 或 0，属于 AM 调制的一种。RF 模块使用表面声波（Surface Acoustic Wave，SAW）滤波器，SAW 滤波器的主要作用是将噪声滤掉，比传统的 LC 滤波器安装更简单、体积更小。

图 7-2 所示为 RF 模块 SHY-J6122TR-315 的引脚图，使用的天线大约在 20cm~35cm 之间，有效传输距离由供给的电压和天线长度而定，最远传输距离约 30 米，如果传送和接收之间有障碍物，那么有效距离还会减少。利用 Arduino 控制板控制 RF 发射模块把 RF 信号发射至空中，再经由 RF 接收模块接收空中的 RF 信号，并经由 Arduino 控制板解调信号内容。因为使用的是单向传输机制，没有反馈，所以信息并不保证一定会传输成功，而且如果有过多无线电干扰或超过传输距离，信息也可能遗失。

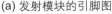

(a) 发射模块的引脚图

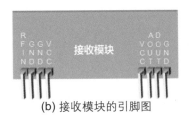

(b) 接收模块的引脚图

图 7-2　RF 模块 SHY-J6122TR-315 引脚图

VirtualWire.h 函数库

RF 模块所使用的软件是由 Mike McCauley 所编写的 VirtualWire.h 函数库，用于来存取 RF 信号中的信息数据，可到官方网站 https://www.pjrc.com/teensy/td_libs_VirtualWire.html 下载。下载文件并解压缩后会产生一个 VirtualWire 文件夹，将其存放到 Arduino\libraries 目录下即可。VirtualWire 是一个支持 Arduino 的无线通信函数库，支持多数廉价的无线电发射机和接收机，也支持多个 Arduino 之间的无线通信。使用 ASK 通信方式，需要脉冲信号来同步发射机和接收机，因此不能使用 Arduino 控制板的 UART 串口。

VirtualWire 函数库默认使用 Arduino 控制板的数字引脚 12 作为 RF 发射引脚，数字引脚 11 作为 RF 接收引脚。VirtualWire 用到了 Arduino 的 Timer1 定时器，这表示某些需要用到 Timer1 定时器的 PWM 引脚将会无法正常工作。

> **格式：VirtualWire.h**
> 范例：#include <VirtualWire.h>　　　　// 使用 VirtualWire.h 函数库。

1. vw_set_t_pin( ) 函数

vw_set_tx_pin( ) 函数用来设置 Arduino 发送 RF 信号的数字引脚。有一个参数 transmit_pin 必须设置，默认值为数字引脚 12。

格式：vw_set_tx_pin(transmit_pin)
范例：#include <VirtualWire.h>　　// 使用 VirtualWire.h 函数库。
　　　vw_set_tx_pin(12);　　　　// 设置数字引脚 12 为发送引脚。

2. vw_set_rx_pin( ) 函数

vw_set_rx_pin( ) 函数用来设置 Arduino 接收 RF 信号的数字引脚。有一个参数 receive_pin 必须设置，默认值为数字引脚 11。

格式：vw_set_rx_pin(transmit_pin)
范例：#include <VirtualWire.h>　　// 使用 VirtualWire.h 函数库。
　　　vw_set_rx_pin(11);　　　　// 设置 Arduino 板的数字引脚 11 为接收引脚。

3. vw_set_ptt_pin( ) 函数

vw_set_ptt_pin( ) 函数用来设置启用（enable 或 push to talk）Arduino 发送 RF 信号的数字引脚。有一个参数 transmit_ptt_pin 必须设置，默认值为数字引脚 10。

格式：vw_set_ptt_pin(transmit_en_pin)
范例：#include <VirtualWire.h>　　// 使用 VirtualWire.h 函数库。
　　　vw_set_ptt_pin(10);　　// 设置 Arduino 板的数字引脚 10 为发送启用引脚。

4. vw_setup( ) 函数

vw_setup( ) 函数用来设置发送或接收的速率。有一个参数 speed 必须设置，数据类型为 unsigned int，speed 参数设置每秒钟发送或接收的位数。在使用此函数之前，必须先配置（configure）完成 RF 信号的发送引脚、发送启用引脚及接收引脚。

格式：vw_setup(speed)
范例：#include <VirtualWire.h>　　// 使用 VirtualWire.h 函数库。
　　　vw_setup(2000);　　　　　// 设置传输速率为 2000bps。

5. vw_send( ) 函数

vw_send( ) 函数用来设置所要发送的字符串数据及字符串的长度。有

message、length 两个参数必须设置，message 是一个 byte 数据类型的数组，而 length 为数组的长度。

> 格式：vw_send(message,length)
>
> 范例：#include <VirtualWire.h>　　// 使用 VirtualWire.h 函数库。
>
> 　　　vw_send(message,4);　　　// 发送长度 4 字节的数组 message。

6. vw_wait_tx( ) 函数

　　vw_wait_tx( ) 函数的作用是返回发送的状态，在数据发送完成后，会进入闲置（idle）状态，同时结束 vw_wait_tx( ) 函数的执行。通常执行 vw_send() 发送函数之后，会再执行 vw_wait_tx() 函数，等待所发送的字符串数据发送完成。

> 格式：vw_wait_tx()
>
> 范例：#include <VirtualWire.h>　　// 使用 VirtualWire.h 函数库。
>
> 　　　vw_setup(2000);　　　　　// 设置传输速率为 2000bps。
>
> 　　　vw_send(message,4);　　　// 发送长度 4 字节的数组 message。
>
> 　　　vw_wait_tx();　　　　　　// 等待传送中。

7. vw_rx_start( ) 函数

　　vw_rx_start( ) 函数的作用是启动接收程序。Arduino 使用中断的方式来监视接收的数据。当接收速率设置完成后，就可以启动接收程序开始接收 RF 信号。

> 格式：vw_rx_start()
>
> 范例：#include <VirtualWire.h>　　// 使用 VirtualWire.h 函数库。
>
> 　　　vw_setup(2000);　　　　　// 设置传输速率为 2000bps。
>
> 　　　vw_rx_start();　　　　　　// 启用接收。

8. vw_get_message( ) 函数

　　vw_get_message( ) 函数的作用是读取所接收的数据并存入缓冲区中。有 buf、len 两个参数必须设置。buf 参数存储所接收数据的数组名，len 参数设置 buf 数组的长度，宏 VW_MAX_MESSAGE_LEN 默认长度为 80 字节。函数有一个返回值，若返回值为 true，表示接收数据正确；若返回值为 false，表示接收数据有误。

格式：vw_get_message(buf,&len)

范例：
```
#include <VirtualWire.h>                    // 使用 VirtualWire.h 函数库。
byte buf[VW_MAX_MESSAGE_LEN];
        // 声明 80 字节缓冲区。
byte len=VW_MAX_MESSAGE_LEN;               // 缓冲区大小为 80 字节。
vw_setup(2000);                            // 设置传输速率为 2000bps。
vw_rx_start();                             // 开始接收。
if(vw_get_message(buf,&len))               // 读取所接收的数据并存入 buf 数组中。
{   语句；  }
```

9. vw_rx_stop( ) 函数

vw_rx_stop( ) 函数的作用是停止锁相回路（Phase Locked Loop，PLL）的接收程序，直到再次调用 vw_rx_start() 函数时，才会重新启动接收程序。

格式：vw_rx_stop()

范例：
```
#include <VirtualWire.h>    // 使用 VirtualWire.h 函数库。

vw_setup(2000);            // 设置传输速率为 2000bps。

vw_rx_stop();             // 停止接收。
```

7-3 认识 RF 遥控自动机器人

所谓 RF 遥控自动机器人，是指利用 RF 发射模块发射控制码给 RF 接收模块，经由 VirtualWire 函数库解码后，Arduino 控制板再按照所接收到的控制码，控制自动机器人执行前进、后退、右转、左转和停止等行走动作。本例使用如图 7-3(a) 所示的科易（Keyes）公司生产制造的十字游戏杆模块，内部包含两个 10kW 的电位计和一个轻触（tack）按键开关。引脚如图 7-3(b) 所示，包含 +5V、GND、VRx、VRy 和 SW 等引脚。

(a) 模块外观

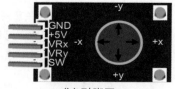

(b) 引脚图

图 7-3　十字游戏杆模块

图 7-4 所示为十字游戏杆模块的内部电路图，外加 +5V 电源到十字游戏杆模块的 +5V 和 GND 引脚，当游戏杆保持在中间位置时，VRx、VRy 输出电压都为 2.5V。电位计的电阻值将会随着游戏杆方向的不同而变化，使输出电压 VRx、VRy 在 0~+5V 之间变化。

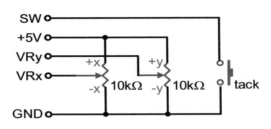

图 7-4　十字游戏杆模块的内部电路图

当游戏杆向 -x 方向按压时，VRx 输出电压最小值为 0V；当游戏杆向 +x 方向按压时，VRx 输出电压最大值为 +5V。同理，当游戏杆向 -y 方向按压时，VRy 输出电压最小值为 0V；当游戏杆向 +y 方向按压时，VRy 输出电压最大值为 +5V。模块另外包含一个轻触按键开关，使用时必须外加一个 10kW 提升电阻连接至 +5V，当按键未按下时，SW 输出逻辑 1；当按键被按下时，SW 输出逻辑 0。

本章利用十字游戏杆模块来控制 RF 遥控自动机器人执行前进、后退、右转、左转和停止等行走动作。表 7-2 所示为 RF 遥控自动机器人行走方向的控制策略。

表 7-2　RF 遥控自 9 走机器人行走方向的控制策略

十字游戏杆模块	控制码	控制策略	左轮	右轮
+x 位置	1	前进	反转	正转
-x 位置	2	后退	正转	反转
+y 位置	3	右转	反转	停止
-y 位置	4	左转	停止	正转
居中	0	停止	停止	停止

7-4 制作 RF 遥控自动机器人

RF 遥控自动机器人包含 RF 发射电路和 RF 遥控自动机器人的电路，所使用的 RF 模块、发射和接收的载波频率必须相同，常用 RF 模块的载波频率有 315MHz、433MHz 和 2.4GHz 等多种。

7-4-1　RF 发射电路

图 7-5 所示为 RF 发射电路的接线图，包含十字游戏杆模块、RF 发射模块、Arduino 控制板、面包板原型（proto）扩展板和电源电路 5 部分。

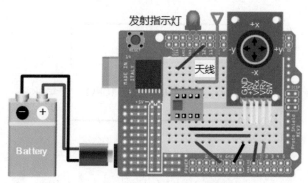

图 7-5　RF 发射电路的接线图

1. 十字游戏杆模块

Arduino 控制板与面包板原型扩展板先行组合，再将十字游戏杆模块插入面包板中，并由 Arduino 板 +5V 供电。将十字游戏杆模块的输出 VRx 和 VRy 分别连接到 Arduino 控制板的模拟输入 A0 和 A1，利用 AnalogRead() 函数读取十字游戏杆模块的 x 和 y 坐标，并将其转换成 10 位的数字值，Arduino 板会根据数字值判断游戏杆的当前位置。

2. RF 发射模块

Arduino 控制板与面包板原型扩展板先行组合，再将 RF 发射模块插入面包板中，并由 Arduino 板的 +5V 供电。将 RF 发射模块的数据输入引脚 DIN 连接到 Arduino 板的数字引脚 12。RF 发射模块的 ANT 引脚连接到天线来发射 RF 信号，天线长度约在 20cm~35cm 之间，可以使用单芯线来替代天线，但效果较差。

3. Arduino 控制板

Arduino 控制板为控制中心，检测十字游戏杆模块中游戏杆的当前位置，并通过 RF 发射模块传送控制码给 RF 遥控自动机器人的电路。

4. 电源电路

电源电路使用 +9V 电池输入到 Arduino 控制板的电源输入端，经由 Arduino 控制板内部的电源稳压器产生 +5V 电压，再供给 Arduino 控制板所需的电能。

❑ **功能说明：**

　　使用十字游戏杆远程遥控 RF 遥控自动机器人。当游戏杆推向 +x 方向时，发送前进控制码 1，使自动机器人向前行走。当游戏杆推向 −x 方向时，发送后退控制码 2，使自动机器人后退。当游戏杆推向 +y 方向时，发送右转控制码 3，使自动机器人右转。当游戏杆推向 −y 方向时，发送左转控制码 4，使自动机器人左转。当游戏杆停留在中间位置时，发送停止控制码 0，使自动机器人停止行走。

💿 **程序：ch7-1-t.ino（RF 发射电路的程序）**

```
#include <VirtualWire.h>  // 使用 VirtualWire 函数库。
const int tx_led=13;       // 数字引脚 13 连接到发送 LED 指示灯。
const int length=2;        // 发送字符串长度为 2 字节。
byte oldVal[length]=" ";   // 上次已发送的字符串。
byte newVal[length]=" ";   // 本次将发送的字符串。
unsigned int speed=2000;   //RF 传输速率为 2000bps。
int VRx;                   // 十字遥杆的 x 坐标。
int VRy;                   // 十字遥杆的 y 坐标。
// 设置初值
void setup()
{
    vw_setup(speed);       // 设置 RF 传输速率。
    pinMode(tx_led,OUTPUT);    // 设置数字引脚 13 为输出端口，连接 LED。
}
// 主循环
void loop()
{
    VRx=analogRead(A0);   // 读取十字遥杆 x 坐标。
    VRy=analogRead(A1);   // 读取十字遥杆 y 坐标。
    if(VRx>=600)    // 遥杆推向 +x 位置？
                newVal[0]='1';      // 发送“前进”控制码 1。
    else if(VRx<=400)     // 遥杆推向 −x 位置？
                newVal[0]='2';      // 发送“后退”控制码 2。
    else if(VRy>=600)     // 遥杆推向 +y 位置？
                newVal[0]='3';      // 发送“右转”控制码 3。
    else if(VRy<=400)     // 遥杆推向 −y 位置？
                newVal[0]='4';      // 发送“左转”控制码 4。
    else                  // 遥杆在中央位置。
                newVal[0]='0';      // 发送“停止”控制码 0。
    if(newVal[0]!=oldVal[0]||newVal[0]=='0')// 遥杆位置改变或遥杆居中？
    {
```

```
        oldVal[0]=newVal[0];   // 存储当前遥杆的位置。
        vw_send(newVal,sizeof(newVal));// 发送控制码。
        vw_wait_tx();  // 等待发送完成。
        digitalWrite(tx_led,HIGH);    //LED 闪烁一次。
        delay(100);
        digitalWrite(tx_led,LOW);
        delay(100);
    }
}
```

7-4-2 RF 遥控自动机器人电路

图 7-6 所示为 RF 遥控自动机器人的电路接线图，包含 RF 接收模块、Arduino 控制板、马达驱动模块、马达部件和电源电路 5 部分。

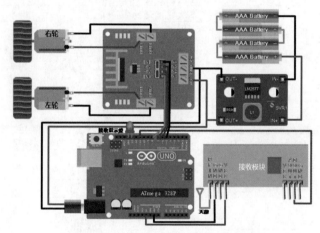

图 7-6　RF 遥控自动机器人的电路接线图

1. RF 接收模块

RF 接收模块由 Arduino 控制板的 +5V 供电，并将 RF 接收模块的数据输出 DOUT 引脚连接到 Arduino 控制板的数字引脚 11，RF 接收模块的 RFIN 引脚连接到天线以接收 RF 信号，天线长度约在 20cm~35cm 之间，可以使用单芯线替代天线，但效果较差。

2. Arduino 控制板

Arduino 控制板为控制中心，检测 RF 接收模块所接收的自动机器人控制码，按所接收的自动机器人控制码，来驱动左、右两组减速直流马达，使自动机器人能正确行走。

3. 马达驱动模块

马达驱动模块使用 L298 驱动芯片来控制两组减速直流马达，其中 IN1、IN2 输入信号控制左轮转向，而 IN3、IN4 输入信号控制右轮转向。因为 VirtualWire 函数库用到了 Arduino 的 Timer1，这表示某些需要使用到 Timer1 的 PWM 引脚将会无法正常工作，因此我们将马达驱动模块的 ENA 和 ENB 引脚直接连接到 +5V，得到最大的转速。如果需要较低的转速，可改用较大减速比的减速直流马达。

4. 马达部件

马达部件包含两组 300rpm/min（测试条件为 6V）的金属减速直流马达、两个固定座、两个 D 型接头 43mm 橡皮车轮和一个万向轮，橡皮材质的轮子比塑料材质的轮子摩擦力大而且易于控制。

5. 电源电路

电源模块包含 4 个 1.5V 一次性电池或 4 个 1.2V 充电电池及 DC-DC 升压模块，调整 DC-DC 升压模块中的 SVR1 可变电阻，使输出升压至 9V，再将其连接到 Arduino 控制板和马达驱动模块以给它们供电。如果使用的是两个 3.7V 的 18650 锂电池，就不需要再使用 DC-DC 升压模块了，每个容量 3000mAh 的 18650 锂电池的售价约 50 元。

☐ **功能说明：**

RF 遥控自动机器人的电路接收来自相同 RF 载波频率的 RF 发射电路所发送的控制码。当接收到前进控制码 1 时，自动机器人向前行走。当接收到后退控制码 2 时，自动机器人后退。当接收到右转控制码 3 时，自动机器人右转。当接收到左转控制码 4 时，自动机器人左转。当接收到停止控制码 0 时，自动机器人就停止行走。

程序：ch7-1-r.ino（RF 遥控自动机器人电路的程序）

```
#include <VirtualWire.h>  // 使用 VirtualWire 函数库。
const int negR=5;  // 右轮马达负极。
const int posR=6;  // 右轮马达正极。
const int negL=7;  // 左轮马达负极。
const int posL=8;  // 左轮马达正极。
const int rx_led=13;      // 数字引脚 13 连接到接收 LED 指示灯。
byte buf[VW_MAX_MESSAGE_LEN];      // 声明 80 字节的缓冲区。
```

```
byte buflen=VW_MAX_MESSAGE_LEN;    // 缓冲区长度为 80 字节。
unsigned int speed=2000;  //RF 接收速率为 2000bps。
byte val;                          //RF 发射电路所发送的控制码。
// 设置初值
void setup()
{
    vw_setup(speed);       // 设置 RF 接收速率。
    vw_rx_start();         // 启动接收程序开始接收 RF 信号。
    pinMode(posR,OUTPUT); // 设置数字引脚 5 为输出端口。
    pinMode(negR,OUTPUT); // 设置数字引脚 6 为输出端口。
    pinMode(posL,OUTPUT); // 设置数字引脚 7 为输出端口。
    pinMode(negL,OUTPUT);     // 设置数字引脚 8 为输出端口。
    pinMode(rx_led,OUTPUT);       // 设置数字引脚 13 为输出端口。
}
// 主循环
void loop()
{
    if(vw_get_message(buf,&buflen))       // 已正确接收到数据？
    {
                val=buf[0];    // 存储数据。
                digitalWrite(rx_led,HIGH);    // 闪烁一次 LED。
                delay(100);
                digitalWrite(rx_led,LOW);
                delay(100);
                if(val=='0')    // 数据为"停止"控制码 0？
                pause();        // 车子停止。
                else if(val=='1')     // 数据为"前进"控制码 1？
                forward();      // 车子前进。
                else if(val=='2')     // 数据为"后退"控制码 2？
                back();// 车子后退。
                else if(val=='3')     // 数据为"右转"控制码 3？
                right();        // 车子右转。
                else if(val=='4')     // 数据为"左转"控制码 4？
                left();         // 车子左转。
            else                // 不是 0~4 等控制码。
                pause();        // 车子停止。
    }
}
// 前进函数
void forward()
{
            digitalWrite(posR,HIGH);      // 右轮正转。
            digitalWrite(negR,LOW);
            digitalWrite(posL,LOW);       // 左转反转。
            digitalWrite(negL,HIGH);
```

```
}
// 后退函数
void back()
{
    digitalWrite(posR,LOW);        // 右轮反转。
    digitalWrite(negR,HIGH);
    digitalWrite(posL,HIGH);       // 左轮正转。
    digitalWrite(negL,LOW);
}
// 停止函数
void pause()
{
    digitalWrite(posR,LOW);        // 右轮停止。
    digitalWrite(negR,LOW);
    digitalWrite(posL,LOW);        // 左轮停止。
    digitalWrite(negL,LOW);
}
// 右转函数
void right()
{
        digitalWrite(posR,LOW);        // 右轮停止。
        digitalWrite(negR,LOW);
        digitalWrite(posL,LOW);        // 左轮反转。
        digitalWrite(negL,HIGH);
}
// 左转函数
void left()
{
    digitalWrite(posR,HIGH);       // 右轮正转。
    digitalWrite(negR,LOW);
    digitalWrite(posL,LOW);        // 左轮停止。
    digitalWrite(negL,LOW);
}
```

练习

1. 设计 Arduino 程序，使用十字游戏杆控制含两个车灯的 RF 遥控自动机器人。两个车灯 Rled 和 Lled 分别连接到 Arduino 控制板的数字引脚 11 和 12。当车子前进时，Rled 和 Lled 同时亮；当车子右转时，Rled 亮；当车子左转时，Lled 亮；当车子后退时，Rled 和 Lled 均不亮。

2. 设计 Arduino 程序，使用十字游戏杆控制含两个车灯的 RF 遥控自动机器人。两个车灯 Rled 和 Lled 分别连接到 Arduino 控制板的数字引脚 11 和 12。当车子前进时，Rled 和 Lled 同时亮；当车子右转时，Rled 闪烁；当车子左转时，Lled 闪烁；当车子后退时，Rled 和 Lled 均不亮。

 ## RF 天线长度

天线（antenna）是无线电设备中用来发射或接收电磁波的部件，一般天线都具有可逆性，既可当作发射天线，也可当作接收天线。由于天线所接收到的电磁波强度与距离成反比，因此天线长度的选择就显得相当重要，以期能接收到最大的电磁波信号。

天线长度（λ）= 光速（c）/ 载波频率（f），可知载波频率越小则天线长度越长，有时因场地或其他因素限制，而必须按照一定比例与阻抗匹配来缩短天线的长度。在业余无线电中，四分之一波长的天线算是最简单而且效果也不差的天线，以本章所使用的 315MHz RF 模块为例，四分之一波长的天线长度（$\lambda/4$）= $(3 \times 10^8/315M)/4 \approx 24cm$。

第 8 章
XBee 遥控
自动机器人实习

8-1 认识 ZigBee

ZigBee 一词源自于蜜蜂在发现花蜜时，会通过 Z 字型（zigzag）舞蹈与同伴通信，以便传递花与蜜的位置、方向和距离等信息，因此将此短距离无线通信的新技术命名为 ZigBee。ZigBee 是由飞利浦、Honeywell、三菱电机、摩托罗拉、三星、BM Group、Chipcon、Freescale 和 Ember 九家公司联盟所制定的一种无线网络标准，以低功耗无线网络标准 IEEE 802.15.4 为基础，目前这个联盟超过了 70 位成员。ZigBee 是一种短距离、架构简单、低功耗和低传输速率的无线通信技术，使用了免牌照的 868MHz、900MHz 和 2.4GHz 载波频段。

表 8-1 所示为 ZigBee 模块与其他无线通信模块的特性比较，ZigBee 与红外线相比，红外线只能实现点对点的通信，ZigBee 则可以自组网络，最大节点数可达 65000 个。ZigBee 与 Wi-Fi 相比，ZigBee 具有低功耗和低成本的优势，在低耗电待机模式下，两节普通 5 号电池可以使用 6 个月以上。虽然 Wi-Fi 功耗高而且设备成本高，但是 Wi-Fi 传输速度快而且应用较为普及。

表 8-1　ZigBee 模块与其他无线通信模块的特性比较

特性	ZigBee	Bluetooth	RF	Wi-Fi
传输距离	50~300 米	10~100 米	500 米	100~300 米
传输速率	250kbps	1~3Mbps	500Mbps	300Mbps
电流	5mA	<30mA	100mA	10~50mA
协议	IEEE802.15.4	IEEE802.15.1		IEEE802.11
载波频段	900MHz, 2.4GHz	2.4GHz	300~3000MHz	2.4GHz, 5GHz
优点	安全性高 自组网能力高	安全性高 设置简单	传输速度快	应用最广
缺点	传输速率低	易受干扰	安全性低	自组网能力低

8-2 认识 XBee 模块

图 8-1 所示为 Digi 公司所生产制造的 XBee 无线射频模块及其引脚名称，XBee 是美国 Digi 公司所生产制造的 ZigBee 模块型号。XBee 模块系列使用 ZigBee 无线通信技术，是一种能将原有的全双工串口 UART TTL 接口转换成无线传输的设备，不限操作系统、不需要安装驱动程序，就可以直接与各种单芯片连接，使用相当容易。

(a) 模块外观

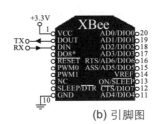

(b) 引脚图

图 8-1　XBee 模块

XBee 模块工作电压为 3.3V，使用免牌照的 2.4GHz 与 900MHz 频段，传输速率为 10Kbps~250Kbps，网络架构具备 Master/Slave（主 / 从）属性，可实现双向通信。XBee 模块内建天线，输出功率为 1mW，在室内有效传输距离约 30 米，在室外有效传输距离 100 米。使用时只需将电源 VCC、GND 及串口 RX、TX 的引脚与 Arduino 控制板正确连接即可，其他引脚的功能说明请参考官方网站。XBee 模块具有传输反馈机制，比 RF 模块传输数据更为可靠。

8-2-1 XBee 扩展板

图 8-2(a) 所示为 XBee 扩展板，必须如图 8-2(b) 所示与 Arduino UNO 板组合使用。在 XBee 扩展板上有一个小开关，可以控制 XBee 模块是否连接至 Arduino 控制板。当要上传草稿码（sketch）至 Arduino 控制板时，必须将开关切换到 DLINE，以断开 Arduino 控制板与 XBee 模块之间的连接。当开关切换到另一边时，可建立 Arduino 控制板与 XBee 模块之间的连接，但不可再上传草稿码。

(a) 扩展板外观

(b) 与 Arduino UNO 组合

图 8-2　XBee 扩展板

8-2-2 XBee 配置的设置

设置 XBee 的配置时，必须将 XBee 模块插入如图 8-3(a) 所示的 XBee USB 接口转接板，再将其连接至计算机 USB 端口。因为在安装 Arduino 控制板时，已经安装过 USB 转串行接口的驱动程序，所以不需要再安装 XBee USB 接口转接板的驱动程序。当 XBee 模块的配置设置完成后，必须将 XBee 模块插入如图 8-3(b) 所示的 TTL 接口转接板，再将其与 Arduino 控制板的串口连接。TTL 接口转接板内含稳压芯片 LM1117，可以将 +5V 电源稳压成 +3.3V 以供电给 XBee 模块。另外，TTL 接口转接板的内部电路已将 RX、TX 引脚交换过，所以只要直接将 RX、TX 引脚分别连接至 Arduino 板上的 RX、TX 引脚，再使用 Arduino 控制板上的电源供电给 TTL 接口转接板即可。图 8-3(c) 所示为市售另一种 XBee 模块转接板，同时具有 USB 接口和 TTL 接口，每片约 60 元。

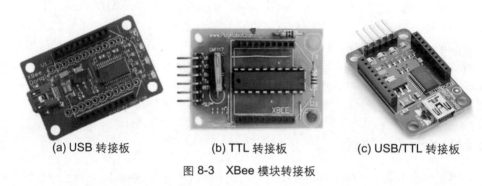

(a) USB 转接板　　　　(b) TTL 转接板　　　　(c) USB/TTL 转接板

图 8-3　XBee 模块转接板

XBee 模块的配置设置

在使用 XBee 模块时，必须先使用 X-CTU 软件来设置模块的配置，X-CTU 应用程序可到网址 http://www.digi.com/support/kbase/kbaseresultdetl?id=2013 下载。XBee 模块的配置设置方法如下：

STEP 1

A. 将两个 XBee 模块分别连接至 USB 接口转接板，并将其分别连接至计算机不同的 USB 端口，如图 8-4 所示。

图 8-4　将两个 XBee 模块通过 USB 转接板连接至计算机的不同 USB 端口

STEP 2

A. 单击 X-CTU 应用程序进入设置界面。在 "Select Com Port" 窗口中可以看到所连接的 XBee 模块串口编号 COM5、COM6。COM 的编号因系统不同而异。

B. 单击 "USB Serial Port(COM5)"，设置第一个 XBee 模块。

C. 单击 "Modem Configuration"。

上述步骤如图 8-5 所示。

图 8-5　选择要设置的 XBee 模块

STEP 3

A. 在 "Modem Configuration" 界面中单击 "Read" 按钮自动搜索 XBee 型号。

B. 设置目的地址 DH:DL＝0:1。

C. 设置源地址 MY＝2。

上述步骤如图 8-6 所示。

STEP 4

A. 打开 Serial Interfacing 文件夹，设置波特率 BD 为 9600bps。

B. 单击 "Write" 按钮，将所设置的配置写到 XBee 模块中。

C. 重复步骤 1 到步骤 3 的方法，设置第二个 XBee 模块，单击 "USB Serial Port(COM6)" 分别设置目的地址 DH:DL＝0:2，源地址 MY＝1 及波特率 BD 为 9600bps。

上述步骤如图 8-7 所示。

图 8-6　设置 XBee 模块的源地址和目的地址

图 8-7　将设置好的配置写入 XBee 模块，再设置第二块 XBee 模块

8–3 认识 XBee 遥控自动机器人

所谓 XBee 遥控自动机器人，是指利用十字游戏杆模块的游戏杆位置变化，通过 XBee 模块远程遥控自动机器人执行前进、后退、右转、左转和停止等行走动作。为了避免与 Arduino 控制板所使用的串口（RX：数字引脚 0，TX：数字引脚 1）相冲突，造成功能不正常，本章使用 SoftwareSerial.h 函数库重新设置 XBee 模块串口，使用数字引脚 3（RX）和数字引脚 4（TX）作为串行通信端口，并将其命名为 XBeeSerial。表 8-2 所示为 XBee 遥控自动机器人行走方向的控制策略。

表 8-2 XBee 遥控自动机器人行走方向的控制策略

十字游戏杆模块	控制码	控制策略	左轮	右轮
+x 位置	1	前进	反转	正转
-x 位置	2	后退	正转	反转
+y 位置	3	右转	反转	停止
-y 位置	4	左转	停止	正转
置中	0	停止	停止	停止

8–4 制作 XBee 遥控自动机器人

XBee 遥控自动机器人包含 XBee 发射电路和 XBee 遥控自动机器人电路两个部分，所使用的 XBee 模块必须先如 8-2-2 节所述 XBee 进行配置的设置，分别设置源地址、目的地址和传输波特率。

表 8-3 所示为 XBee 发射电路与 XBee 遥控自动机器人的 XBee 模块设置，XBee 发射电路中 XBee 模块的目的地址与 XBee 遥控自动机器人 XBee 模块的源地址相同，而 XBee 发射电路中 XBee 模块的源地址与 XBee 遥控自动机器人 XBee 模块的目的地址相同。另外，两个 XBee 模块的传输波特率必须相同，才能正确传输。

表 8-3 XBee 发射电路与 XBee 遥控自动机器人的 XBee 模块设置

	XBee 发射电路	XBee 遥控自动机器人
源地址	MY=2	DH:DL=0:2
目的地址	DH:DL=0:1	MY=1
传输波特率	9600bps	9600bps

8-4-1 XBee 发射电路

图 8-8 所示为 XBee 发射电路的接线图，包含十字游戏杆模块、XBee 模块、

Arduino 控制板、面包板原型扩展板和电源电路 5 部分。

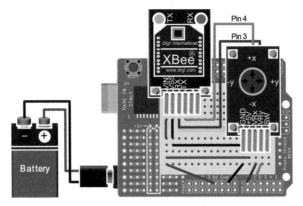

图 8-8 XBee 发射电路的接线图

1. 十字游戏杆模块

Arduino 控制板与面包板原型扩展板先行组合，再将十字游戏杆模块插入面包板中，并由 Arduino 控制板的 +5V 供电。将十字游戏杆模块的输出 VRx 和 VRy 分别连接到 Arduino 控制板的模拟输入 A0 和 A1。利用 AnalogRead() 函数读取十字游戏杆模块的 x、y 坐标，并将其转换成 10 位的数字值，再按照数字值判断游戏杆当前的位置。

2. XBee 模块

Arduino 控制板与面包板原型扩展板先行组合，再将 XBee 模块插入面包板中，并由 Arduino 板的 +5V 供电。将 XBee 模块的 RX 引脚连接到 Arduino 控制板的数字引脚 3（设置为 RX），将 XBee 模块的 TX 引脚连接到 Arduino 板的数字引脚 4（设置为 TX）。XBee 模块内部已将 RX、TX 互换过，与 Arduino 板串口连接不用再互换了。

3. Arduino 控制板

Arduino 控制板为控制中心，检测十字游戏杆模块中游戏杆当前的位置，通过 XBee 模块发送自动机器人的控制码。XBee 模块为双向传输机制，具有反馈，可以保证信息一定会传输成功，因此 XBee 模块传输稳定性比 RF 模块高。

4. 电源电路

为了达到遥控的机动性，电源电路使用 9V 电池输入至 Arduino 控制板电源输

入端，并由 Arduino 控制板内部电源稳压器产生 5V 电压供给 Arduino 微控制板。

□ **功能说明：**

使用十字游戏杆控制 **XBee** 遥控自动机器人。当游戏杆推向 +x 方向时，发送"前进"控制码 1，使自动机器人向前行走。当游戏杆推向 -x 方向时，发送后退控制码 2，使自动机器人后退。当游戏杆推向 +y 方向时，发送右转控制码 3，使自动机器人右转。当游戏杆推向 -y 方向时，发送左转控制码 4，使自动机器人左转。当游戏杆停留在中间位置时，发送停止控制码 0，使自动机器人停止行走。

程序：ch8-1-t.ino（XBee 发射电路程序）

```
#include <SoftwareSerial.h>        // 使用 SoftwareSerial.h 函数库。
SoftwareSerial XBeeSerial(3,4);   // 数字引脚 3 为 RX、数字引脚 4 为 TX。
int VRx;                          // 游戏杆 x 轴的位置。
int VRy;                          // 游戏杆 y 轴的位置。
int oldVal=0xff;     // 旧的游戏杆位置。
int newVal=0xff;     // 新的游戏杆位置。
// 设置初值
void setup()
{
    XBeeSerial.begin(9600);       //XBee 串行口初始化，波特率 9600bps。
}
// 主循环
void loop()
{
    VRx=analogRead(A0);    // 读取游戏杆 x 位置。
    VRy=analogRead(A1);    // 读取游戏杆 y 位置。
    if(VRx>=600)    // 游戏杆向 +x 方向按?
                newVal=1;       // 车子前进。
    else if(VRx<=400)     // 游戏杆向 -x 方向按?
                newVal=2;       // 车子后退。
    else if(VRy>=600)     // 游戏杆向 +y 方向按?
                newVal=3;       // 车子右转。
    else if(VRy<=400)     // 游戏杆向 -y 方向按?
                newVal=4;       // 车子左转。
    else                  // 游戏杆在中间位置。
                newVal=0;       // 车子停止。
    if(newVal!=oldVal)    // 游戏杆位置与上次不同?
    {
                oldVal=newVal; // 存储游戏杆位置码。
                XBeeSerial.print(newVal);    // 将游戏杆位置码发送出去。
    }
}
```

8-4-2 XBee 遥控自动机器人电路

图 8-9 所示为 XBee 遥控自动机器人的电路接线图，包含 XBee 模块、Arduino 控制板、马达驱动模块、马达部件和电源电路五个部分。

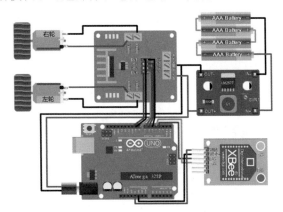

图 8-9　XBee 遥控自动机器人的电路接线图

1. XBee 模块

Arduino 控制板与面包板原型扩展板先行组合，再将 XBee 模块插入面包板（或者直接与 Arduino 控制板连接），并由 Arduino 控制板的 +5V 供电。将 XBee 模块的 RX 引脚连接到 Arduino 控制板的数字引脚 3（设置为 RX），将 XBee 模块的 TX 引脚连接到 Arduino 控制板的数字引脚 4（设置为 TX）。XBee 模块内部已将 RX、TX 互换过，与 Arduino 板串口连接不用再互换了。

2. Arduino 控制板

Arduino 控制板为控制中心，检测 XBee 模块所接收的自动机器人控制码，来驱动左、右两组减速直流马达，使自动机器人能正确运行。XBee 模块为双向传输机制，具有反馈，所以保证信息一定会传输成功，传输稳定性比 RF 模块高。

3. 马达驱动模块

马达驱动模块使用 L298 驱动芯片来控制两组减速直流马达，其中 IN1、IN2 输入信号控制左轮转向，而 IN3、IN4 输入信号控制右轮转向。另外，Arduino 控制板输出两组 PWM 信号连接到 ENA 和 ENB，分别控制左轮和右轮的转速。因为马达有最小的启动扭矩电压，所输出的 PWM 信号平均值不可太小，以免无法驱动马达转动。PWM 信号只能微调马达转速，如果需要较低的转速，可改用较大减速

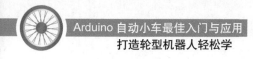

比的减速直流马达。

4. 马达部件

马达部件包含两组 300rpm/min（测试条件为 6V）的金属减速直流马达、两个固定座、两个 D 型接头 43mm 橡皮车轮和一个万向轮，橡皮材质的轮子比塑料材质的轮子摩擦力大而且易于控制。

5. 电源电路

电源模块包含 4 个 1.5V 一次性电池或 4 个 1.2V 充电电池及 DC-DC 升压模块，调整 DC-DC 升压模块中的 SVR1 可变电阻，使输出升压至 9V，再将其连接到 Arduino 控制板和马达驱动模块以给它们供电。如果使用的是两个 3.7V 的 18650 锂电池，就不需要再使用 DC-DC 升压模块了。每个容量 2000mAh 的 1.2V 镍氢电池的售价约 18 元，每个容量 3000mAh 的 18650 锂电池的售价约 50 元。

□ 功能说明：

XBee 接收电路接收相同传输速率的 XBee 发射电路所发送的控制码。当接收到前进控制码 1 时，自动机器人向前行走。当接收到后退控制码 2 时，自动机器人后退。当接收到右转控制码 3 时，自动机器人右转。当接收到左转控制码 4 时，自动机器人左转。当接收到停止控制码 0 时，自动机器人就停止行走。

程序：ch8-1-r.ino（XBee 遥控自动机器人电路程序）

```
#include <SoftwareSerial.h>        // 使用 SoftwareSerial.h 函数库。
SoftwareSerial XBeeSerial(3,4);   // 设置数字引脚 3 为 RX，数字引脚 4 为 TX。
const int negR=5; // 右轮马达负极。
const int posR=6; // 右轮马达正极。
const int negL=7; // 左轮马达负极。
const int posL=8; // 左轮马达正极。
const int pwmR=9; // 右轮转速控制。
const int pwmL=10;// 左轮转速控制。
const int Rspeed=200;     // 右轮转速初值。
const int Lspeed=200;     // 左轮转速初值。
char val;                 //XBee 发射电路所发送的控制码。
// 设置初值
void setup()
{
    pinMode(posR,OUTPUT); // 设置数字引脚 5 为输出端口。
    pinMode(negR,OUTPUT); // 设置数字引脚 6 为输出端口。
    pinMode(posL,OUTPUT); // 设置数字引脚 7 为输出端口。
    pinMode(negL,OUTPUT);         // 设置数字引脚 8 为输出端口。
```

```
    XBeeSerial.begin(9600);          // 设置 XBee 通信端口速率为 9600bps。
}
// 主循环
void loop()
{
    if(XBeeSerial.available())    //XBee 模块已接到控制码?
    {
            val=XBeeSerial.read();           // 读取控制码。
            val=val-'0';               // 将字符数据转成数值数据。
            if(val==0)      // 控制码为 0?
            pause(0,0);      // 车子停止。
            else if(val==1)       // 控制码为 1?
            forward(Rspeed,Lspeed);          // 车子前进。
        else if(val==2)       // 控制码为 2?
            back(Rspeed,Lspeed);   // 车子后退。
            else if(val==3)       // 控制码为 3?
            right(Rspeed,Lspeed);  // 车子右转。
            else if(val==4)       // 控制码为 4?
            left(Rspeed,Lspeed);   // 车子左转。
    }
}
// 前进函数
void forward(byte RmotorSpeed, byte LmotorSpeed)
{
        analogWrite(pwmR,RmotorSpeed);         // 设置右轮转速。
        analogWrite(pwmL,LmotorSpeed);         // 设置左轮转速。
        digitalWrite(posR,HIGH);       // 右轮正转。
        digitalWrite(negR,LOW);
        digitalWrite(posL,LOW);        // 左转反转。
        digitalWrite(negL,HIGH);
}
// 后退函数
void back(byte RmotorSpeed, byte LmotorSpeed)
{
        analogWrite(pwmR,RmotorSpeed);         // 设置右轮转速。
        analogWrite(pwmL,LmotorSpeed);         // 设置左轮转速。
    digitalWrite(posR,LOW);        // 右轮反转。
    digitalWrite(negR,HIGH);
    digitalWrite(posL,HIGH);       // 左轮正转。
    digitalWrite(negL,LOW);
}
// 停止函数
void pause(byte RmotorSpeed, byte LmotorSpeed)
{
    analogWrite(pwmR,RmotorSpeed);         // 设置右轮转速。
```

```
        analogWrite(pwmL,LmotorSpeed);        // 设置左轮转速。
        digitalWrite(posR,LOW);        // 右轮停止。
        digitalWrite(negR,LOW);
        digitalWrite(posL,LOW);        // 左轮停止。
        digitalWrite(negL,LOW);
}
// 右转函数
void right(byte RmotorSpeed, byte LmotorSpeed)
{
        analogWrite(pwmR,RmotorSpeed);        // 设置右轮转速。
        analogWrite(pwmL,LmotorSpeed);        // 设置左轮转速。
        digitalWrite(posR,LOW);        // 右轮停止。
        digitalWrite(negR,LOW);
        digitalWrite(posL,LOW);        // 左轮反转。
        digitalWrite(negL,HIGH);
}
// 左转函数
void left(byte RmotorSpeed, byte LmotorSpeed)
{
        analogWrite(pwmR,RmotorSpeed);        // 设置右轮转速。
        analogWrite(pwmL,LmotorSpeed);        // 设置左轮转速。
        digitalWrite(posR,HIGH);        // 右轮正转。
        digitalWrite(negR,LOW);
        digitalWrite(posL,LOW);        // 左轮停止。
        digitalWrite(negL,LOW);
}
```

练习

1. 设计 Arduino 程序，使用十字游戏杆遥控含车灯的 XBee 遥控自动机器人，两个车灯 Rled 和 Lled 分别连接到 Arduino 控制板的数字引脚 11 和 12。当自动机器人前进时，Rled 和 Lled 同时亮；当自动机器人右转时，Rled 亮；当自动机器人左转时，Lled 亮；当自动机器人后退时，Rled 和 Lled 均不亮。

2. 设计 Arduino 程序，使用十字游戏杆遥控含车灯的 XBee 遥控自动机器人，两个车灯 Rled 和 Lled 分别连接到 Arduino 控制板的数字引脚 11 和 12。当自动机器人前进时，Rledhe 和 Lled 同时亮；当自动机器人右转时，Rled 闪烁；当自动机器人左转时，Lled 闪烁；当自动机器人后退时，Rled 和 Lled 均不亮。

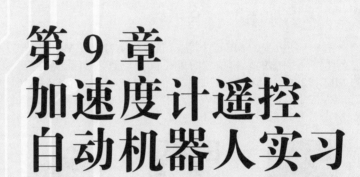

第 9 章
加速度计遥控
自动机器人实习

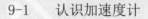

9–1 认识加速度计

加速度计（accelerometer）又称为加速度传感器、重力加速度传感器、惯性传感器等，用来测量物体自身的加速度运动变化率。加速度计具有尺寸小、重量轻、可靠度高、低功耗、低成本等优点，因此被广泛应用在智能手机、全球定位系统（Global Positioning System，GPS）、车用电子等领域。按其重力范围可区分为低冲击力式与高冲击力式，低冲击力式加速度计的重力 g 值为 1，常用于汽车导航系统、体感游戏机、计步器、机器人或 MP3、PC 等 3C 产品中的稳定控制系统。高冲击力式加速度计的重力 g 值范围较高，常用于汽车安全气囊设备中。

9–2 认识加速度计模块

图 9-1 所示为 TME 公司生产的 MMA7260 / MMA7361 加速度计模块，不同公司生产所引出的引脚位置可能不同，但其内部都使用 Freescale 半导体公司生产的 MMA7260 / MMA7361 加速度计。MMA7260 / MMA7361 加速度计的工作电压为 2.2V~3.6V（典型值 3.3V），工作电流为 500mA，休眠模式下只有 3mA。可读出 X、Y、Z 三轴低量级的下降、倾斜、移动、定位、撞击和震动误差。

(a) 7260 模块外观　　(b) 7260 引脚图　　(c) 7361 模块外观　　(d) 7361 引脚图

图 9-1　MMA7260 /MMA7361 加速度计模块

9-2-1 加速度计的 g 值灵敏度

表 9-1 所示为 MMA7260 加速度计的 g 值灵敏度，利用加速度计的 GS1、GS2 两只引脚可以调整 ± 1.5g、± 2g、± 4g、± 6g 共 4 种 g 值灵敏度（sensitivity）范围。当 GS1 = GS2 = 0 或空接时的最大 g 值范围为 ±1.5g，最大灵敏度为 ±800mV/g。因此，每个 g 值可以有 ± 800mV 的变化。

表 9-1　MMA7260 加速度计的 g 值灵敏度

GS1	GS2	g 值范围	灵敏度
0	0	±1.5g	±800mV/g
0	1	±2g	±600mV/g
1	0	±4g	±300mV/g
1	1	±6g	±200mV/g

表 9-2 所示为 MMA7361 加速度计的 g 值灵敏度，利用加速度计的 GSEL 引脚可以调整 ± 1.5g、± 6g 两种 g 值灵敏度范围。当 GEL = 0 或空接时的最大 g 值范围为 ±1.5g，最大灵敏度为 ±800mV/g。因此，每个 g 值可以有 ± 800mV 的变化。

表 9-2　MMA7361 加速度计的 g 值灵敏度

GSEL	g 值范围	灵敏度
0	± 1.5g	±800mV/g
1	± 6g	±206mV/g

9-2-2 倾斜角度与 X、Y、Z 三轴输出电压的关系

表 9-3 所示为 MMA7260/MMA7361 加速度计倾斜角度与 X、Y、Z 三轴输出电压的关系，只需要使用一阶 RC 低通滤波器，再以 Arduino 控制板的模拟输入引脚读取 X、Y、Z 轴的模拟电压，即可得到 0.8V~2.4V 之间的输出电压。因为 Arduino 控制板模拟输入为 10 位 ADC 转换器，当模拟输入电压为 0.8V 时，转换数字值为 1024×0.8V/5V ≈ 164；当模拟输入电压为 2.4V 时，转换数字值为 1024×2.4V/5V ≈ 492。

表 9-3　MMA7260/MMA7361 加速度计倾斜角度与 X、Y、Z 三轴输出电压的关系

倾斜角度	-90°	-60°	-45°	-30°	0°	+30°	+45°	+60°	+90°
电压	0.8V	1.0V	1.2V	1.4V	1.6V	1.8V	2.0V	2.2V	2.4V
数字值	164	205	246	287	328	369	410	451	492

加速度计模块实际输出电压值会有误差，而且相同模块 X、Y、Z 轴的输出电压范围可能不同，必须自己测试和调校。MMA7260/MMA7361 加速度计模块在倾斜角度 0° 时的输出电压范围为 1.485V~1.815V（典型值为 1.65V）。本章所使用的 MMA7260 加速度计模块在 0° 时的输出电压为 1.7V，-90° 时的输出电压值为 0.9V，+90° 时的输出电压值为 2.5V。

9-2-3 最大倾斜角度与 X、Y、Z 三轴输出电压的关系

图 9-2 所示为加速度计最大倾斜角度与 X、Y、Z 三轴输出电压的关系。图 9-2(a) 所示为 X 轴向 +X 方向倾斜 +90°，X 输出电压为 2.4V。图 9-2(b) 所示为 X 轴向 -X 方向倾斜 -90°，X 输出电压为 0.8V。图 9-2(c) 所示为 Y 轴向 +Y 方向倾斜 +90°，Y 输出电压为 2.4V。图 9-2(d) 所示为 Y 轴向 -Y 方向倾斜 -90°，Y 输

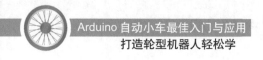

出电压为 0.8V。图 9-2(e) 所示为 Z 轴向 +Z 方向倾斜 +90°，Z 输出电压为 2.4V。图 9-2(f) 所示为 Z 轴向 –Z 方向倾斜 –90°，Z 输出电压为 0.8V。

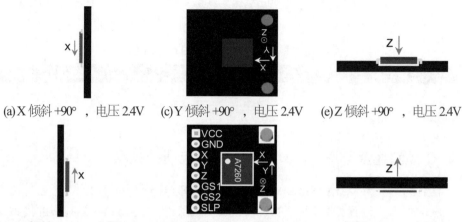

(a) X 倾斜 +90°，电压 2.4V　　(c) Y 倾斜 +90°，电压 2.4V　　(e) Z 倾斜 +90°，电压 2.4V

(b) X 倾斜 –90°，电压 0.8V　　(d) Y 倾斜 –90°，电压 0.8V　　(f) Z 倾斜 –90°，电压 0.8V

图 9-2　加速度计 X、Y、Z 轴的最大倾斜角度与 X、Y、Z 三轴输出电压的关系

9–3　认识加速度计遥控自动机器人

所谓加速度计遥控自动机器人，是指利用加速度计模块在 X、Y 两轴的重力变化，通过 XBee 无线模块，远程遥控自动机器人执行前进、后退、右转、左转和停止等行走动作。为了避免与 Arduino 控制板所使用的串口（数字引脚 0 和 1）冲突，造成功能不正常，本章使用 SoftwareSerial.h 函数库重新设置 XBee 模块串口，使用数字引脚 3（设成 RX）和数字引脚 4（设成 TX）作为串行通信端口，并将其命名为 XBeeSerial。

图 9-3 所示为加速度计 X 倾斜角度与自动机器人行走方向的关系。图 9-3(a) 所示为加速度计向 +X 方向倾斜且角度大于 +30° 时，自动机器人向前行走。图 9-3(b) 所示为加速度计向 –X 方向倾斜且角度小于 –30° 时，自动机器人后退。

(a) X 倾斜角大于 +30° 时，自动机器人前进　　(b) X 倾斜角小于 –30° 时，自动机器人后退

图 9-3　加速度计 X 倾斜角度与自动机器人行走方向的关系

图 9-4 所示为加速度计 Y 倾斜角度与自动机器人行走方向的关系。如图 9-4(a) 所示为加速度计向 +Y 方向倾斜且角度大于 +30° 时，自动机器人右转。如图 9-4(b) 所示为加速度计向 −Y 方向倾斜且角度小于 −30° 时，自动机器人左转。

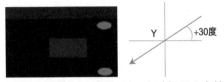  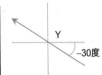

(a) Y 倾斜角大于 +30° 时，自动机器人右转　　(b) Y 倾斜角小于 −30° 时，自动机器人左转

图 9-4　加速度计 Y 倾斜角度与自动机器人行走方向的关系

表 9-4 所示为加速度计遥控自动机器人行走的控制策略，加速度计的 X 方向或 Y 方向必须倾斜大于 +30° 或小于 −30° 时，自动机器人才会行走。当 X 方向和 Y 方向的倾斜角度都在 −30° ~+30° 之间时，自动机器人将会停止行走。

表 9-4　加速度计遥控自动机器人行走的控制策略

X 方向倾斜	Y 方向倾斜	控制码	控制策略	左轮	右轮
大于 +30°	−30° ~+30°	1	前进	反转	正转
小于 −30°	−30° ~+30°	2	后退	正转	反转
−30° ~+30°	大于 +30°	3	右转	反转	停止
−30° ~+30°	小于 −30°	4	左转	停止	正转
−30° ~+30°	−30° ~+30°	0	停止	停止	停止

9-4 制作加速度计遥控自动机器人

加速度计遥控自动机器人包含加速度计遥控电路和 XBee 遥控自动机器人电路两个部分，所使用的 XBee 必须先按照 8-2-2 节 XBee 配置设置的方法，分别设置源地址、目的地址和传输波特率。XBee 发射模块的目的地址必须与 XBee 接收模块的源地址相同，而 XBee 发射模块的源地址必须与 XBee 接收模块的目的地址相同。另外，两个 XBee 模块的传输波特率也必须相同。

9-4-1 加速度计遥控电路

图 9-5 所示为 MMA7260 加速度计遥控电路的接线图，包含加速度计模块、XBee 模块、Arduino 控制板、面包板原型扩展板和电源电路 5 个部分。如果使用 MMA7361 加速度计，接线如图 9-6 所示。

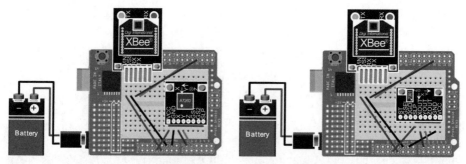

图 9-5　MMA7260 加速度计遥控电路的接线图　　图 9-6　MMA7361 加速度计遥控电路的接线图

1. 加速度计模块

　　Arduino 控制板与面包板原型扩展板先行组合，再将加速度计模块插入面包板中，并由 Arduino 控制板的 +5V 供电。将加速度计模块的输出 X 和 Y 分别连接到 Arduino 控制板的模拟输入 A0 和 A1，利用 AnalogRead() 函数读取加速度计模块的 X、Y 坐标，将其转换成 10 位数字值，再按其数字值判断加速度计倾斜角度。

2. XBee 模块

　　Arduino 控制板与面包板原型扩展板先行组合，再将 XBee 模块插入面包板中，并由 Arduino 控制板的 +5V 供电。因为 XBee 模块已经将 RX 与 TX 互换过，所以直接将 XBee 模块的 RX 引脚连接到 Arduino 板的数字引脚 3（已设置为 RX），XBee 模块的 TX 引脚连接到 Arduino 板的数字引脚 4（已设置为 TX）。XBee 模块主要的作用是将加速度计的倾斜角度控制码发送至加速度计遥控自动机器人的接收电路，来控制自动机器人的行走。

3. Arduino 控制板

　　Arduino 控制板为控制中心，检测加速度计模块的倾斜角度，通过 XBee 模块发送自动机器人的控制码。

4. 电源电路

　　为了达到机动性，电源电路使用 9V 电池输入 Arduino 控制板电源输入端，并由 Arduino 控制板内部电源稳压器产生 5V 电压供电给 Arduino 控制板。

□　功能说明：

　　　　使用加速度计控制 XBee 遥控自动机器人执行前进、后退、右转、左转和停止等行走动作。当加速度计 X 倾斜角度大于 +30° 时，发送前进控制码 1；

当加速度计 X 倾斜角度小于 −30° 时，发送后退控制码 2；当加速度计 Y 倾斜角度大于 +30° 时，发送右转控制码 3；当加速度计 Y 倾斜角度小于 −30° 时，发送左转控制码 4；当加速度计在 X 和 Y 倾斜角度都在 −30° ~+30° 之间时，发送停止控制 0。

程序：ch9_1_t.ino（加速度计遥控电路程序）

```
#include <SoftwareSerial.h>        // 使用 SoftwareSerial.h 函数库。
SoftwareSerial XBeeSerial(3,4);    // 设置数字引脚 3 为 RX、数字引脚 4 为 TX。
const int Xpin=0;  // 加速度计 X 输出连接 Arduino A0 引脚。
const int Ypin=1;  // 加速度计 Y 输出连接 Arduino A1 引脚。
int Xaxis,Yaxis;   // 加速度计 X、Y 输出。
int oldVal=0xff;   // 旧的 X、Y 值。
int newVal=0xff;   // 新的 X、Y 值。
// 设置初值
void setup()
{
    XBeeSerial.begin(9600);        //XBee 串行口初始化，波特率 9600bps。
    //Serial.begin(9600); // 校正加速度计的误差。
}
// 主循环
void loop()
{   Xaxis=analogRead(Xpin);        // 读取 X 数字值。
    //Serial.print("X="); // 显示 "X=" 字符串。
    //Serial.println(Xaxis);        // 读取 X 值以校正加速度计 X 轴输出。
    Xaxis=constrain(Xaxis,190,512);  // 限制 X 数字值在 190~512 之间。
    Xaxis=map(Xaxis,184,512,-90,90); // 转换 X 数字值为 −90° ~+90° 的角度。
    Yaxis=analogRead(Ypin);        // 读取 Y 数字值。
    //Serial.print("Y="); // 显示 "Y=" 字符串。
    //Serial.println(Yaxis);              // 读取 Y 值以校正加速度计 Y 轴输出。
    Yaxis=constrain(Yaxis,190,512);      // 限制 Y 数字值在 190~512 之间。
    Yaxis=map(Yaxis,184,512,-90,90);  // 转换 Y 数字值为 −90° ~+90° 的角度。
    if(Xaxis>=30)  //X 角度大于等于 +30° ？
            newVal=1;          // 自动机器人前进。
    else if(Xaxis<=-30)   //X 角度小于等于 −30° ？
            newVal=2;          // 自动机器人后退。
    else if(Yaxis>=30)    //Y 角度大于等于 +30° ？
            newVal=3;          // 自动机器人右转。
    else if(Yaxis<=-30)   //Y 角度小于等于 −30° ？
            newVal=4;          // 自动机器人左转。
    else                  //X 和 Y 角度在 −30° ~+30° 间。
            newVal=0;          // 自动机器人停止。
    if(newVal!=oldVal)    // 加速度计 X、Y 状态有改变？
    {
            oldVal=newVal; // 存储新的控制码。
            XBeeSerial.print(newVal);     // 发送新的控制码。
    }
}
```

9-4-2　XBee 遥控自动机器人电路

图 9-7 所示为加速度计遥控自动机器人接收电路的接线图，包含 XBee 模块、Arduino 控制板、马达驱动模块、马达部件和电源电路 5 个部分。

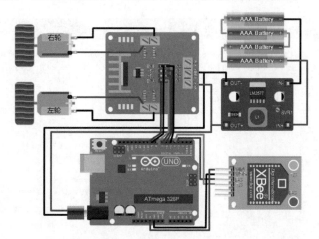

图 9-7　XBee 遥控自动机器人电路的接线图

1. XBee 模块

Arduino 控制板与面包板原型扩展板先行组合，再将 XBee 模块插入面包板（或者直接与 Arduino 控制板连接），并由 Arduino 控制板的 +5V 供电。将 XBee 模块的 RX 引脚连接到 Arduino 控制板的数字引脚 3（设置为 RX），将 XBee 模块的 TX 引脚连接到 Arduino 控制板的数字引脚 4（设置为 TX）。

2. Arduino 控制板

Arduino 控制板为控制中心，检测 XBee 模块所接收到的自动机器人控制码，来驱动左、右两组减速直流马达，使自动机器人能正确行走。

3. 马达驱动模块

马达驱动模块使用 L298 驱动芯片来控制两组减速直流马达，其中 IN1、IN2 输入信号控制左轮转向，而 IN3、IN4 输入信号控制右轮转向。另外，Arduino 控制板输出两组 PWM 信号连接到 ENA 和 ENB，分别控制左轮和右轮的转速。因为马达有最小的启动扭矩电压，所输出的 PWM 信号平均值不可太小，以免无法驱动马达转动。PWM 信号只能微调马达转速，如果需要较低的转速，可改用较大减速比的减速马达。

4. 马达部件

马达部件包含两组 300rpm/min（测试条件为 6V）的金属减速直流马达、两个固定座、两个 D 型接头 43mm 橡皮车轮和一个万向轮，橡皮轮子摩擦力大且控制容易。

5. 电源电路

电源模块包含 4 个 1.5V 一次性电池或 4 个 1.2V 充电电池及 DC-DC 升压模块，调整 DC-DC 升压模块中的 SVR1 可变电阻，使输出升压至 9V，再将其连接到 Arduino 控制板和马达驱动模块以给它们供电。如果使用的是两个 3.7V 的 18650 锂电池，就不需要再使用 DC-DC 升压模块了，每个容量 3000mAh 的 18650 锂电池的售价约 50 元。

☐ **功能说明：**

XBee 接收电路接收来自相同 XBee 发射电路所发送的控制码。当接收到前进控制码 1 时，自动机器人向前行走。当接收到后退控制码 2 时，自动机器人后退。当接收到右转控制码 3 时，自动机器人右转。当接收到左转控制码 4 时，自动机器人左转。当接收到停止控制码 0 时，自动机器人就停止行走。

程序：ch9_1_r.ino（XBee 遥控自动机器人电路程序）

```
#include <SoftwareSerial.h>        // 使用 SoftwareSerial.h 函数库。
SoftwareSerial XBeeSerial(3,4);   // 设置数字引脚 3 为 RXD，数字引脚 4 为 TXD。
const int negR=5; // 右轮马达负极。
const int posR=6; // 右轮马达正极。
const int negL=7; // 左轮马达负极。
const int posL=8; // 左轮马达正极。
const int pwmR=9; // 右轮转速控制。
const int pwmL=10;// 左轮转速控制。
const int Rspeed=200;    // 右轮转速初值。
const int Lspeed=200;    // 左轮转速初值。
char val;                //XBee 所接收的控制码。
// 设置初值
void setup()
{
    pinMode(posR,OUTPUT); // 设置数字引脚 5 为输出端口。
    pinMode(negR,OUTPUT); // 设置数字引脚 6 为输出端口。
    pinMode(posL,OUTPUT); // 设置数字引脚 7 为输出端口。
    pinMode(negL,OUTPUT);      // 设置数字引脚 8 为输出端口。
    XBeeSerial.begin(9600);    // 设置 XBee 通信端口速率为 9600bps。
}
// 主循环
void loop()
{
```

```
        if(XBeeSerial.available())     //XBee 模块已接到控制码?
        {
                val=XBeeSerial.read();              // 读取控制码。
                val=val-'0';                    // 将字符数据转成数值数据。
                if(val==0)       // 控制码为 0?
                pause(0,0);      // 车子停止。
                else if(val==1)          // 控制码为 1?
                forward(Rspeed,Lspeed);          // 车子前进。
        else if(val==2)          // 控制码为 2?
                back(Rspeed,Lspeed);     // 车子后退。
                else if(val==3)          // 控制码为 3?
                right(Rspeed,Lspeed);    // 车子右转。
                else if(val==4)          // 控制码为 4?
                left(Rspeed,Lspeed);     // 车子左转。
        }
}
// 前进函数
void forward(byte RmotorSpeed, byte LmotorSpeed)
{
        analogWrite(pwmR,RmotorSpeed);          // 设置右轮转速。
        analogWrite(pwmL,LmotorSpeed);          // 设置左轮转速。
        digitalWrite(posR,HIGH);       // 右轮正转。
        digitalWrite(negR,LOW);
        digitalWrite(posL,LOW);        // 左转反转。
        digitalWrite(negL,HIGH);
}
// 后退函数
void back(byte RmotorSpeed, byte LmotorSpeed)
{
        analogWrite(pwmR,RmotorSpeed);          // 设置右轮转速。
        analogWrite(pwmL,LmotorSpeed);          // 设置左轮转速。
    digitalWrite(posR,LOW);         // 右轮反转。
    digitalWrite(negR,HIGH);
    digitalWrite(posL,HIGH);        // 左轮正转。
    digitalWrite(negL,LOW);
}
// 停止函数
void pause(byte RmotorSpeed, byte LmotorSpeed)
{
    analogWrite(pwmR,RmotorSpeed);          // 设置右轮转速。
    analogWrite(pwmL,LmotorSpeed);          // 设置左轮转速。
    digitalWrite(posR,LOW);         // 右轮停止。
    digitalWrite(negR,LOW);
    digitalWrite(posL,LOW);         // 左轮停止。
    digitalWrite(negL,LOW);
}
// 右转函数
void right(byte RmotorSpeed, byte LmotorSpeed)
{
        analogWrite(pwmR,RmotorSpeed);          // 设置右轮转速。
```

```
        analogWrite(pwmL,LmotorSpeed);            // 设置左轮转速。
        digitalWrite(posR,LOW);        // 右轮停止。
        digitalWrite(negR,LOW);
        digitalWrite(posL,LOW);        // 左轮反转。
        digitalWrite(negL,HIGH);
}
// 左转函数
void left(byte RmotorSpeed, byte LmotorSpeed)
{
        analogWrite(pwmR,RmotorSpeed);            // 设置右轮转速。
        analogWrite(pwmL,LmotorSpeed);            // 设置左轮转速。
        digitalWrite(posR,HIGH);        // 右轮正转。
        digitalWrite(negR,LOW);
        digitalWrite(posL,LOW);        // 左轮停止。
        digitalWrite(negL,LOW);
}
```

练习

1. 设计 Arduino 程序，使用加速度计控制 XBee 遥控自动机器人。在加速度计遥控电路中，增加 Fled、Bled、Rled、Lled 四个方向的指示灯，自动机器人行走动作如下：

   (1) 当加速度计 X 轴角度大于等于 +30° 时，Fled 亮且自动机器人前进。

   (2) 当加速度计 X 轴角度小于等于 -30° 时，Bled 亮且自动机器人后退。

   (3) 当加速度计 Y 轴角度大于等于 +30° 时，Rled 亮且自动机器人右转。

   (4) 当加速度计 Y 轴角度小于等于 -30° 时，Lled 亮且自动机器人左转。

   (5) 当加速度计 X、Y 轴角度都在 -30° ~+30° 之间时，指示灯均不亮且自动机器人停止。

2. 设计 Arduino 程序，使用加速度计控制 XBee 遥控自动机器人，自动机器人行走动作如下：

   (1) 当加速度计 X 轴角度在 +30° ~+45° 时，自动机器人低速前进。

   (2) 当加速度计 X 轴角度大于 +45° 时，Fled 亮且自动机器人高速前进。

   (3) 当加速度计 X 轴角度在 -45° ~-30° 时，自动机器人低速后退。

   (4) 当加速度计 X 轴角度小于 -45° 时，Bled 亮且自动机器人高速后退。

   (5) 当加速度计 Y 轴角度在 +30° ~+45° 时，自动机器人低速右转。

   (6) 当加速度计 Y 轴角度大于 +30° 时，Rled 亮且自动机器人高速右转。

   (7) 当加速度计 Y 轴角度在 -45° ~-30° 时，自动机器人低速左转。

   (8) 当加速度计 Y 轴角度小于 -30° 时，Lled 亮且自动机器人高速左转。

   (9) 当加速度计 X、Y 轴角度都在 -30° ~+30° 之间时，指示灯均不亮且自动机器人停止。

9–5 认识手机加速度计

2007 年 Apple 公司的 CEO 乔布斯推出了结合触控屏幕和多种传感器的新型手机 iPhone，在手机中内建了多种微机电系统（Micro Electro Mechanical Systems，MEMS）制程的部件，如加速度传感器（AccelerometerSensor）、位置传感器（LocationSensor，如 GPS）和方向传感器（OrientationSensor，又称为陀螺仪）等。其中加速度传感器简称加速度计，可以用来测量手机 X、Y、Z 三轴的线性速度变化，也可以用来传感移动设备的倾斜情况，单位为 m/s^2。

9-5-1 手机倾斜角度与 X、Y、Z 三轴输出值的关系

图 9-8 所示为手机倾斜角度与 X、Y、Z 三轴输出值的关系，当手机正面向上静置时，X、Y 二轴输出值均为 0，而 Z 轴输出最大值为 +9.8。当手机正面向下静置时，X、Y 二轴输出值均为 0，而 Z 轴输出最小值为 -9.8。当手机右方向上抬高（左方向下）时，X 轴值会递增，最大值为 +9.8。当手机左方向上抬高（右方向下）时，X 轴值会递减，最小值为 -9.8。当手机上方向上抬高（下方向下）时，Y 轴值会递增，最大值为 +9.8。当手机下方向上抬高（上方向下）时，Y 轴值会递减，最小值为 -9.8。

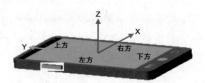

图 9-8　手机倾斜角度与 X、Y、Z 三轴输出值的关系

9-5-2 手机最大倾斜角度与 X、Y、Z 三轴输出值的关系

图 9-9 所示为手机最大倾斜角度与 X、Y、Z 三轴输出值的关系。图 9-8(a) 为手机右方抬高 +90° 时，X 轴最大值为 +9.8。图 9-8(b) 所示为手机左方抬高 +90° 时，X 轴最小值为 -9.8。图 9-8(c) 所示为手机上方抬高 +90° 时，Y 轴最大值为 +9.8。图 9-8(d) 所示为手机下方抬高 +90° 时，Y 轴最小值为 -9.8。图 9-8(e) 所示为手机平放静置 Z 轴向上时，Z 轴最大值为 +9.8。图 9-8(f) 所示为手机平放静置 Z 轴向下时，Z 轴最小值为 -9.8。

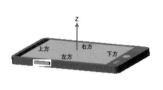

(a) 右方抬高 +90°，X=+9.8　　(c) 上方抬高 +90°，Y=+9.8　　(e) Z 轴向上，Z=+9.8

(b) 左方抬高 +90°，X=-9.8　　(d) 下方抬高 +90°，Y=-9.8　　(f) Z 轴向下，Z=-9.8

图 9-9　手机最大倾斜角度与 X、Y、Z 三轴输出值的关系

9-6 认识手机加速度计遥控自动机器人

　　所谓手机加速度计遥控自动机器人，是指利用手机加速度传感器在 X、Y 二轴的重力变化，再通过手机蓝牙远程遥控自动机器人执行前进、后退、右转、左转和停止等行走动作。

　　表 9-5 所示为手机加速度计遥控自动机器人行走的控制策略，当手机下方抬高使 Y 轴输出值小于 -2（约 -20 度）时，自动机器人向前行走。当手机上方抬高使 Y 轴输出值大于 2（约 20 度）时，自动机器人后退。当手机左方抬高使 X 轴输出值小于 -2（约 -20 度）时，自动机器人右转。当手机右方抬高使 X 轴输出值大于 2（约 20 度）时，自动机器人左转。当手机保持水平静置使 X、Y 轴的倾斜角度都在 -20°~+20° 之间时，自动机器人就停止行走。

表 9-5　手机加速度计遥控自动机器人行走的控制策略

手机方向	X 方向倾斜	Y 方向倾斜	控制码	控制策略	左轮	右轮
下方抬高	-20°~+20°	小于 -20°	1	前进	反转	正转
上方抬高	-20°~+20°	大于 +20°	2	后退	正转	反转
左方抬高	小于 -20°	-20°~+20°	3	右转	反转	停止
右方抬高	大于 +20°	-20°~+20°	4	左转	停止	正转
水平静置	-20°~+20°	-20°~+20°	0	停止	停止	停止

9-7 制作手机加速度计遥控自动机器人

手机加速度计遥控自动机器人包含手机加速度计遥控 App 程序和蓝牙遥控自动机器人电路两个部分，其中手机加速度计遥控 App 程序使用 App Inventor 2 来完成，而蓝牙遥控自动机器人电路主要使用 Arduino 控制板和蓝牙模块来组装。

9-7-1 手机加速度计遥控 App 程序

图 9-10 所示为手机加速度计遥控 App 程序，使用 Android 手机中的二维码（Quick Response Code，QRcode）扫描软件如（QuickMark 等），下载并安装如图 9-10(a) 所示的手机加速度计遥控 App 程序的 QRcode 安装文件，安装完成后启动如图 9-10(b) 所示的手机控制界面。

(a) QRcode（二维码）安装文件　　　　　　(b) 手机控制界面

图 9-10　手机加速度计遥控 App 程序

☐　**功能说明：**

使用 Android 手机中的二维码扫描软件（如 QuickMark 等），下载如图 9-10(a) 所示的手机加速度计遥控 App 程序的 QRcode 安装文件，并且将其安装到手机上。安装完成后将其启动，如图 9-10(b) 所示，单击 连接 按钮显示已配对的蓝牙设备，选择蓝牙设备名称（本例为 BTcar）与 Arduino 蓝牙遥控自动机器人进行配对连接，断开时单击 断开 按钮。

连接成功后就可以用手机加速度计遥控自动机器人执行前进、后退、右转、左转和停止等行走动作。当手机下方抬高时，自动机器人向前行走；当手机上方抬高时，自动机器人后退；当手机左方抬高时，自动机器人右转；当手机右方抬高时，自动机器人左转；当手机正面向上静置时，自动机器人

就停止行走。如果想要自行修改手机控制界面的配置，可启动 App Inventor
2 应用程序并且加载本书提供的下载文件夹中的 /ini/ACCcar.aia 文件，方法
如下：

STEP①

A. 单击菜单的"Projects"选项。

B. 在打开的下拉菜单中单击
"Import project(.aia) from
my computer"。

上述步骤如图 9-11 所示。

图 9-11　选择"projects"选项

STEP②

A. 单击"选择文件"按钮，选择
文件夹并打开在 ini 文件夹内
的 ACCcar.aia 文件。

B. 单击"OK"按钮确认。

上述步骤如图 9-12 所示。

图 9-12　把项目文件导入到 App Inventor 2 中

STEP③

A. 打开 ACCcar 文件后，即可进
行修改，如图 9-13 所示。

图 9-13　打开 ACCcar 文件后，即可进行修改

手机加速度计遥控 App 程序拼块

程序：ACCcar.aia

1. 启动 App 程序时，初始化手机界面。

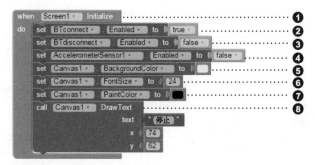

❶ 启动 App 程序时的初始化操作。

❷ 启用 连接 按钮。

❸ 禁用 断开 按钮。

❹ 禁用手机加速度传感器

❺ 设置画布背景颜色为黄色。

❻ 设置绘制文字的字号为 24 号。

❼ 设置画笔的颜色为黑色。

❽ 在画布中央位置绘制"停止"文字。

2. 在单击 连接 按钮后，手机开始搜索并显示所有可连接的蓝牙设备，本例所要连接的蓝牙设备名称为 **BTcar**。为避免互相干扰，请更改蓝牙设备的名称。

❶ 在选择蓝牙设备之前的操作。

❷ 搜索并且列表显示所有可连接的蓝牙设备的地址及名称。

3. 与 Arduino 蓝牙遥控自动机器人配对连接成功后，启用加速度传感器，并且发送停止字符"0"，使自动机器人停止行走。

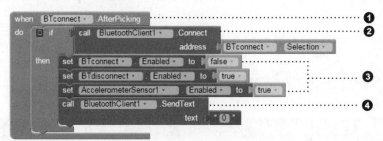

❶ 在选择蓝牙设备之后的操作。

❷ 与所选择（Selection）的蓝牙设备进行配对连接。

❸ 禁用"连接"按钮、启用"断开"按钮、启用手机加速度传感器。

❹ 发送停止字符"0"，使自动机器人停止行走。

4. 在单击 断开 按钮后，发送停止字符"0"，使自动机器人停止行走，并且与连接中的蓝牙设备 BTcar 断开连接。

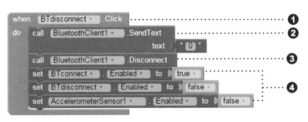

❶ 单击蓝牙 断开 按钮后的操作。

❷ 发送停止字符"0"，使自动机器人停止行走。

❸ 与连接中的蓝牙设备断开。

❹ 启用 连接 按钮，禁用 断开 按钮，禁用手机加速度传感器。

5. 获得加速度传感器 X、Y 轴值的变化量，移动蓝色球，并且按 X、Y 轴值改变车子的行进方向。

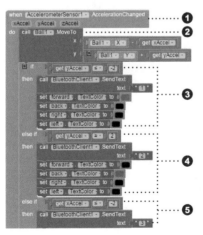
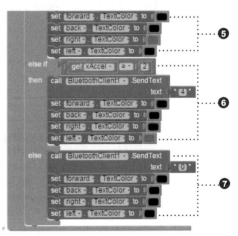

❶ 加速度传感器 X、Y、Z 轴值改变时的动作。

❷ 当移动设备上方抬高时，球向下移动；当移动设备下方抬高时，球向上移动；当移动设备右方抬高时，球向左移动；当移动设备左方抬高时，球向右移动。

❸ 当移动设备下方抬高且 Y 轴值小于等于 −2（倾斜角度约 20°）时，自动

机器人前进。

❹ 当移动设备上方抬高且 Y 轴值大于等于 +2（倾斜角度约 20°）时，自动机器人后退。

❺ 当移动设备左方抬高且 X 轴值小于等于 –2（倾斜角度约 20°）时，自动机器人右转。

❻ 当移动设备右方抬高且 X 轴值大于等于 +2（倾斜角度约 20°）时，自动机器人左转。

❼ 当移动设备正面向上静置（X、Y 轴倾斜角度都小于 20°）时，自动机器人停止行走。

9-7-2 蓝牙遥控自动机器人电路

图 9-14 所示为蓝牙遥控自动机器人的电路接线图，包含蓝牙模块、Arduino 控制板、马达驱动模块、马达部件和电源电路 5 个部分。

本章"手机加速度计遥控自动机器人"与第 6 章"手机蓝牙遥控自动机器人"使用相同的蓝牙遥控自动机器人电路，差别在于前者利用手机倾斜角度来控制自动机器人的行走方向，而后者使用触控方式来控制自动机器人的行走方向。

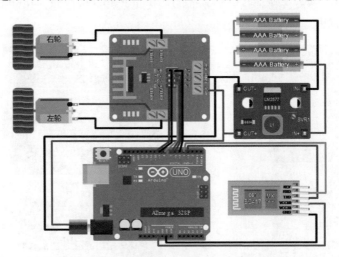

图 9-14　蓝牙遥控自动机器人的电路接线图

1. 蓝牙模块

蓝牙模块由 Arduino 控制板的 +5V 供电，并将其蓝牙模块 RXD 引脚连接到 Arduino 板的数字引脚 4（TXD），TXD 引脚连接到 Arduino 板的数字引脚 3

（RXD），必须注意引脚不可接错，否则蓝牙无法连接成功。本章所使用的蓝牙模块默认名称为 HC-05，但为了避免互相干扰，建议将蓝牙模块更名为 BTcar 或者其他设备名称。如果是多人同时使用，建议更名为 BTcar1、BTcar2、BTcar3 等。

2. Arduino 控制板

Arduino 控制板为控制中心，检测由手机加速度计遥控 App 程序，通过蓝牙设备所发送的自动机器人控制码，来驱动左、右两组减速直流马达，使自动机器人能正确行走。

3. 马达驱动模块

马达驱动模块使用 L298 驱动芯片来控制两组减速直流马达，其中 IN1、IN2 输入信号控制左轮转向，而 IN3、IN4 输入信号控制右轮转向。另外，Arduino 控制板输出两组 PWM 信号连接到 ENA 和 ENB，分别控制左轮和右轮的转速。因为马达有最小的启动扭矩电压，所输出的 PWM 信号平均值不可太小，以免无法驱动马达转动。PWM 信号只能微调马达转速，如果需要较低的转速，可改用较大减速比的减速直流马达。

4. 马达部件

马达部件包含两组 300rpm/min（测试条件：6V）的金属减速直流马达、两个固定座、两个 D 型接头 43mm 橡皮车轮和一个万向轮，橡皮材质的轮子比塑料材质的轮子摩擦力大而且易于控制。

5. 电源电路

电源模块包含 4 个 1.5V 一次性电池或 4 个 1.2V 充电电池及 DC-DC 升压模块，调整 DC-DC 升压模块中的 SVR1 可变电阻，使输出升压至 9V，再将其连接到 Arduino 控制板和马达驱动模块以给它们供电。如果使用的是两个 3.7V 的 18650 锂电池，就不需要再使用 DC-DC 升压模块了，每个容量 3000mAh 的 18650 锂电池的售价约 50 元。

□ **功能说明：**

蓝牙遥控自动机器人电路接收到来自手机加速度计遥控 App 程序所发送的控制码。当接收到前进控制码 1 时，自动机器人向前行走。当接收到后退控制码 2，自动机器人后退。当接收到右转控制码 3 时，自动机器人右转。当接收到左转控制码 4 时，自动机器人左转。当接收到停止控制码 0 时，自动机器人停止行走。

程序：ch9_2_r.ino（蓝牙遥控自动机器人电路程序）

```
#include <SoftwareSerial.h>          // 使用 SoftwareSerial.h 函数库。
SoftwareSerial mySerial(3,4);        // 设置数字引脚 3 为 RXD、数字引脚 4 为 TXD。
const int negR=5;  // 右轮马达负极。
const int posR=6;  // 右轮马达正极。
const int negL=7;  // 左轮马达负极。
const int posL=8;  // 左轮马达正极。
const int pwmR=9;  // 右轮转速控制。
const int pwmL=10; // 左轮转速控制。
const int Rspeed=200;       // 右轮转速初值。
const int Lspeed=200;       // 左轮转速初值。
char val;                   // 手机 App 所发送的控制码。
// 设置初值
void setup()
{
    pinMode(posR,OUTPUT); // 设置数字引脚 5 为输出端口。
    pinMode(negR,OUTPUT); // 设置数字引脚 6 为输出端口。
    pinMode(posL,OUTPUT); // 设置数字引脚 7 为输出端口。
    pinMode(negL,OUTPUT);            // 设置数字引脚 8 为输出端口。
    mySerial.begin(9600); // 设置蓝牙通信端口速率为 9600bps。
}
// 主循环
void loop()
{
    if(mySerial.available())      // 蓝牙已接收到控制码？
    {
                val=mySerial.read();  // 读取控制码。
                val=val-'0';          // 将字符数据转成数值数据。
                if(val==0)    // 控制码为 0？
                pause(0,0);   // 车子停止。
                else if(val==1)       // 控制码为 1？
                forward(Rspeed,Lspeed);       // 车子前进。
        else if(val==2)       // 控制码为 2？
                back(Rspeed,Lspeed);  // 车子后退。
                else if(val==3)       // 控制码为 3？
                right(Rspeed,Lspeed); // 车子右转。
                else if(val==4)       // 控制码为 4？
                left(Rspeed,Lspeed);  // 车子左转。
    }
}
// 前进函数
void forward(byte RmotorSpeed, byte LmotorSpeed)
```

```
{
        analogWrite(pwmR,RmotorSpeed);        // 设置右轮转速。
        analogWrite(pwmL,LmotorSpeed);        // 设置左轮转速。
        digitalWrite(posR,HIGH);       // 右轮正转。
        digitalWrite(negR,LOW);
        digitalWrite(posL,LOW);        // 左转反转。
        digitalWrite(negL,HIGH);
}
// 后退函数
void back(byte RmotorSpeed, byte LmotorSpeed)
{
        analogWrite(pwmR,RmotorSpeed);        // 设置右轮转速。
        analogWrite(pwmL,LmotorSpeed);        // 设置左轮转速。
    digitalWrite(posR,LOW);        // 右轮反转。
    digitalWrite(negR,HIGH);
    digitalWrite(posL,HIGH);        // 左轮正转。
    digitalWrite(negL,LOW);
}
// 停止函数
void pause(byte RmotorSpeed, byte LmotorSpeed)
{
    analogWrite(pwmR,RmotorSpeed);        // 设置右轮转速。
    analogWrite(pwmL,LmotorSpeed);        // 设置左轮转速。
    digitalWrite(posR,LOW);        // 右轮停止。
    digitalWrite(negR,LOW);
    digitalWrite(posL,LOW);        // 左轮停止。
    digitalWrite(negL,LOW);     }
// 右转函数
void right(byte RmotorSpeed, byte LmotorSpeed)
{
        analogWrite(pwmR,RmotorSpeed);        // 设置右轮转速。
        analogWrite(pwmL,LmotorSpeed);        // 设置左轮转速。
        digitalWrite(posR,LOW);       // 右轮停止。
        digitalWrite(negR,LOW);
        digitalWrite(posL,LOW);       // 左轮反转。
        digitalWrite(negL,HIGH);            }
// 左转函数
void left(byte RmotorSpeed, byte LmotorSpeed)
{
    analogWrite(pwmR,RmotorSpeed);        // 设置右轮转速。
    analogWrite(pwmL,LmotorSpeed);        // 设置左轮转速。
    digitalWrite(posR,HIGH);        // 右轮正转。
    digitalWrite(negR,LOW);
```

```
digitalWrite(posL,LOW);        // 左轮停止。
digitalWrite(negL,LOW);              }
```

1. 设计 Arduino 程序，使用手机加速度计遥控含 Fled、Bled、Rled、Lled 四个方向指示灯自动机器人（注：Fled、Bled、Rled、Lled 分别连接到 Arduino 控制板数字引脚 14~17）。当移动设备下方抬高时，自动机器人前进且 Fled 亮。当移动设备上方抬高时，自动机器人后退且 Bled 亮。当移动设备左方抬高时，自动机器人右转且 Rled 亮。当移动设备右方抬高时，自动机器人左转且 Lled 亮。当移动设备正面向上静置时，自动机器人停止且所有灯均不亮。

2. 设计 Arduino 程序，使用手机加速度计遥控含 Fled、Bled、Rled、Lled 四个方向指示灯自动机器人（注：Fled、Bled、Rled、Lled 分别连接到 Arduino 控制板数字引脚 14~17）。当移动设备下方抬高时，自动机器人前进且 Fled 闪烁。当移动设备上方抬高时，自动机器人后退且 Bled 闪烁。当移动设备左方抬高时，自动机器人右转且 Rled 闪烁。当移动设备右方抬高时，自动机器人左转且 Lled 闪烁。当移动设备正面向上静置时，自动机器人停止且所有灯均不亮。

第 10 章
超声波避障
自动机器人实习

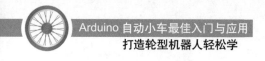

10-1 认识超声波

声音是一种波动，声音的振动会引起空气分子有节奏的振动，使周围的空气产生疏密变化，形成疏密相间的纵波，因而产生了声波，人耳可以听到的声音频率范围在 20Hz ～ 20kHz 之间。

所谓超声波（ultrasound），是指声波或振动的频率超过人耳可以听到的范围。若超声波的频率太低则杂音增加；若超声波的频率太高则衰减增加，会降低可到达的距离，在可以测量的距离范围内，应尽可能提高测量频率，才能准确测量反射波，以得到较高的距离准确度。一般常用的超声波频率范围在 20kHz ～ 40kHz 之间。超声波直线发射出去后，会不断扩大而造成扩散损失，距离越远则损失越大。另外，部分超声波会被传播介质吸收而造成波动能量的损失。一般超声波可以使用的测量距离在 10 米以内，常用的超声波模块最大测量距离以 2 ～ 5 米居多。

超声波测距电路利用超声波模块来测量物体的距离，其工作原理是利用超声波发射器向待测距的物体发射超声波，并且在发射的同时开始计时。超声波在空气中传播，遇到障碍物后就会被反射回来，当超声波接收器接收到反射波时停止计时，此时所测得的时间差就是超声波模块与物体之间的来回时间 t。因为超声波在空气中的传播速度大约为 $v=340$ 米 / 秒，所以超声波模块与物体间的距离 s 等于 $vt / 2$ 米。

超声波的应用相当广泛，在海洋方面（如超声波声纳、鱼群探测、海底勘探等）、医疗设备（如超声波热疗、超声波图像扫描、超声波碎石机等）、信号传感（如超声波压力传感、超声波膜厚传感、超声波震动传感）、工业加工（如超声波金属焊接、超声波洗净机、超声波雾化器等）方面都有较多应用。

10-2 认识超声波模块

图 10-1 所示为 Prarallax 公司所生产的 PING)))™ 超声波模块（#28015），有 SIG、+5V、GND 共 3 只引脚，工作电压为 +5V，工作电流为 30mA，工作温度范围为 0~70℃。PING)))™ 超声波模块的有效测量距离在 2cm~3m 之间。当物体在 0cm~2cm 的范围内时无法测量，返回值都为 2cm。PING)))™ 超声波模块具有 TTL/CMOS 接口，可以直接使用 Arduino 控制板来控制。

(a) 模块外观

(b) 引脚图

图 10-1　PING)))™ 超声波模块

10-2-1　工作原理

图 10-2 所示为 PING)))™ 超声波模块的工作原理，首先 Arduino 控制板必须先产生至少维持 2μs（典型值 5μs）高电位的启动脉冲到 PING)))™ 超声波模块的 SIG 引脚，当超声波模块接收到启动脉冲后，会发射 200μs@40kHz 的超声波信号到物体，200μs@40kHz 是指频率为 40kHz 的脉冲连续发射 200μs。当超声波信号经由物体反射回到超声波模块时，传感器会由 SIG 引脚再返回一个 PWM 信号给 Arduino 控制板，所响应 PWM 信号的脉宽时间与超声波传播的来回距离成正比，最小值 115μs，最大值 18500μs。因为声波速度每秒 340m，约等于 29μs/cm。因此，物体与超声波模块的距离 = 脉宽时间 /29/2cm。

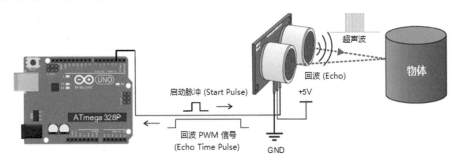

图 10-2　PING)))™ 超声波模块的工作原理

10-2-2　物体定位

有时候待测物体的位置也会影响到 PING)))™ 超声波传感器的测量正确性。图 10-3 所示为 3 种超声波模块无法测量物体距离的情况。在这 3 种情况下超声波模块不会接收超声波信号，因此无法正确测量物体的距离。

(a) 物体距离超过 3.3m　　　(b) 发射角度 θ 小于 45 度　　　(c) 物体太小

图 10-3　3 种超声波模块无法测量物体距离的情况

图 10-3(a) 所示为待测物体距离超过 3.3 米，已超过 PING)))™ 超声波模块可以测量的范围。图 10-3(b) 所示为超声波进入物体的角度小于 45 度，超声波无法反射回到超声波模块。图 10-3(c) 所示为物体太小，超声波模块接收不到反射信号。

10-3 认识超声波避障自动机器人

所谓超声波避障自动机器人，是指自动机器人可以自动行走，而且不会碰撞到任何障碍物。为了让自动机器人可以自动避开障碍物，可以使用 3 个超声波模块，并把它们分别放置在自动机器人的车头右方、前方和左方 3 个位置，探测右方、前方和左方 3 个方向的障碍物距离。如果考虑成本，也可以使用如图 10-4 所示的伺服马达与超声波模块的组合，利用伺服马达自动转向 45 度、90 度和135 度来探测右方、前方和左方的障碍物距离。

图 10-4　伺服马达与超声波模块的组合

10-3-1 工作原理

图 10-5 所示为超声波避障自动机器人转动角度与探测方向的关系，正常情况下自动机器人会自动行走。当自动机器人遇到前方有障碍物且距离小于 25 厘米时（可视实际情况调整），自动机器人立即停止行走，伺服马达转动超声波模块探测右方（45 度）和左方（135 度）障碍物距离并且返回给 Arduino 控制板。Arduino 控制板根据前方、右方和左方障碍物的距离，判断一条可以安全前进的路径，避开障碍物后再回正继续向前行走。

必须注意的是当伺服马达转动时，超声波模块无法正确探测障碍物的距离，必须等待伺服马达停止转动且稳定一段时间（约 0.5 秒）后，才能探测到障碍物的正确距离。

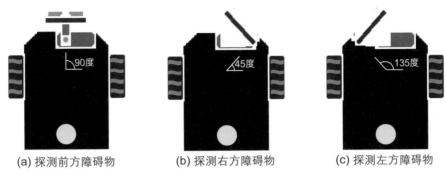

(a) 探测前方障碍物　　　(b) 探测右方障碍物　　　(c) 探测左方障碍物

图 10-5　超声波避障自动机器人转动角度与探测方向的关系

10-3-2　行走策略

超声波避障自动机器人正常情况为直线前进，当前方有障碍物时，自动机器人先停止，开始探测右方和左方障碍物的距离，选择障碍物距离较远的方向为安全的行进路线。

图 10-6 所示为超声波避障自动机器人的行进路线判断，图 10-6(a) 所示为前方和右方都有距离小于 25cm 的障碍物时，自动机器人探测到左方近端无障碍物，左转 0.5 秒避开障碍物后，再回正直行。图 10-6(b) 所示为前方和左方都有距离小于 25cm 的障碍物时，自动机器人探测到右方近端无障碍物，右转 0.5 秒避开障碍物后，再回正直行。图 10-6(c) 所示为前方、右方和左方都有距离小于 25cm 障碍物时，自动机器人探测到右方和左方近端都有障碍物，先后退 2 秒避开障碍物，再右转 0.5 秒后回正直行。

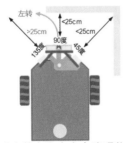
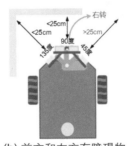
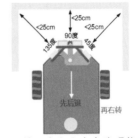

(a) 前方和右方有障碍物　　(b) 前方和左方有障碍物　　(c) 前、右和左方有障碍物

图 10-6　超声波避障自动机器人的行进路线判断

表 10-1 所示为超声波避障自动机器人行走的控制策略，自动机器人根据超声波模块所感测到左方、前方和右方 3 个方向的障碍物距离，选择障碍物距离大于

25cm 的方向前进，如果 3 个方向的障碍物距离都小于 25cm，那么自动机器人先后退 2 秒、再右转 0.5 秒离开障碍物，之后再回正直行。

表 10-1　超声波避障自动机器人行走的控制策略

左方障碍物	前方障碍物	右方障碍物	控制策略	左轮	右轮
无	无	无	前进	反转	正转
无	小于 25cm	小于 25cm	左转	停止	正转
小于 25cm	小于 25cm	无	右转	反转	停止
小于 25cm	小于 25cm	小于 25cm	后退	正转	反转
			右转	反转	停止
			前进	反转	正转

10-4　制作超声波避障自动机器人

图 10-7 所示为超声波避障自动机器人的电路接线图，包含超声波模块、伺服马达、Arduino 控制板、马达驱动模块、马达部件和电源电路 6 个部分。

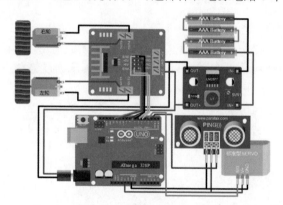

图 10-7　超声波避障自动机器人的电路接线图

1. 超声波模块

超声波模块与伺服马达先行组合，由 Arduino 控制板的 +5V 供电给超声波模块，并将超声波模块的 SIG 引脚连接到 Arduino 控制板的数字引脚 2。

2. 伺服马达

伺服马达与超声波模块先行组合，由 Arduino 控制板的 +5V 供电给伺服马达，并将伺服马达的 SIG 信号引脚连接到 Arduino 控制板的数字引脚 3。

3. Arduino 控制板

Arduino 控制板为控制中心，判断超声波模块所探测到前方（90° 位置）、右方（45° 位置）和左方（135° 位置）3 个方向的障碍物距离来决定自动机器人的行走方向。根据表 10-1 所示的超声波避障自动机器人行走的控制策略，来驱动左、右两组减速直流马达，使自动机器人能自动避开障碍物。

4. 马达驱动模块

马达驱动模块使用 L298 驱动芯片来控制两组减速直流马达，其中 IN1、IN2 输入信号控制左轮转向，而 IN3、IN4 输入信号控制右轮转向。另外，Arduino 控制板输出两组 PWM 信号连接到 ENA 和 ENB，分别控制左轮和右轮的转速。因为马达有最小的启动扭矩电压，所输出的 PWM 信号平均值不可太小，以免无法驱动马达转动。PWM 信号只能微调马达转速，如果需要较低的转速，可以改用较大减速比的减速直流马达。

5. 马达部件

马达部件包含两组 300rpm/min（测试条件为 6V）的金属减速直流马达、两个固定座、两个 D 型接头 43mm 橡皮车轮和一个万向轮，橡皮材质的轮子比塑料材质的轮子摩擦力大而且易于控制。

6. 电源电路

电源模块包含 4 个 1.5V 一次性电池或 4 个 1.2V 充电电池及 DC-DC 升压模块，调整 DC-DC 升压模块中的 SVR1 可变电阻，使输出升压至 9V，再将其连接到 Arduino 控制板和马达驱动模块以给它们供电。如果使用的是两个 3.7V 的 18650 锂电池，就不需要再使用 DC-DC 升压模块了。每个容量 2000mAh 的 1.2V 镍氢电池的售价约 18 元，每个容量 3000mAh 的 18650 锂电池的售价约 50 元。

❑ **功能说明：**

自动机器人自动行走前进，当前方有障碍物时，能够自动判断一条可以安全前进的路线，使自动机器人不会碰撞到任何障碍物。

💿 **程序：ch10-1.ino**

```
#include <Servo.h>// 使用 Servo 函数库。
Servo Servo;              // 创建 Servo 数据类型的对象。
const int sig=2;   // 超声波模块输出信号 sig。
const int negR=7; // 右轮马达负极引脚。
const int posR=8; // 右轮马达正极引脚。
const int negL=12;// 左轮马达负极引脚。
```

```
const int posL=13; // 左轮马达正极引脚。
const int pwmR=5; // 右轮转速控制引脚。
const int pwmL=6; // 左轮转速控制引脚。
const int Rspeed=120;    // 右轮转速初值。
const int Lspeed=130;    // 左轮转速初值。
const int rotSpeed=150;   // 左、右马达的转向速度。
unsigned long Rdistance; // 右方障碍物距离。
unsigned long Ldistance; // 左方障碍物距离。
unsigned long Cdistance; // 前方障碍物距离。
// 设置初值
void setup()
{
    pinMode(posR,OUTPUT); // 设置数字引脚 7 为输出引脚。
    pinMode(negR,OUTPUT); // 设置数字引脚 8 为输出引脚。
    pinMode(posL,OUTPUT); // 设置数字引脚 12 为输出引脚。
    pinMode(negL,OUTPUT);    // 设置数字引脚 13 为输出引脚。
    Servo.attach(3);     // 数字引脚 3 连接到伺服马达的控制引脚。
    Servo.write(90);     // 伺服马达转至正前方 (90 度)。
}
// 主循环
void loop()
{
    Servo.write(90);     // 伺服马达转至前方 90 度位置。
    delay(500);          // 等待超声波模块稳定。
    Cdistance=ping(sig);      // 读取前方障碍物距离。
    if(Cdistance<25)     // 前方障碍物距离小于 25 厘米?
    {
        pause(0,0);          // 车子停止。
        Servo.write(45);     // 伺服马达转至右方 45 度位置。
        delay(500);     // 等待超声波模块稳定。
        Rdistance=ping(sig);  // 读取右方障碍物距离。
        Servo.write(135);     // 伺服马达转至左方 135 度位置。
        delay(500);          // 等待超声波模块稳定。
        Ldistance=ping(sig); // 读取左方障碍物距离。
        Servo.write(90);     // 伺服马达转至前方 90 度位置。
        if(Rdistance<25 && Ldistance<25)// 右方和左方障碍物都小于 25 厘米?
        {
        back(Rspeed,Lspeed); // 车子后退 2 秒 (视实际情况调整)。
        delay(2000);
        right(rotSpeed,rotSpeed);     // 车子右转 0.5 秒 (视实际情况调整)。
        delay(500);
        forward(Rspeed,Lspeed);     // 车子回正, 再前进。
        }
        else if(Rdistance>Ldistance)     // 右方障碍物距离大于左方障碍物距离?
        {
        right(rotSpeed,rotSpeed);     // 车子右转 0.5 秒 (视实际情况调整)。
        delay(500);
        }
        else if(Ldistance>Rdistance)     // 左方障碍物距离大于右方障碍物距离。
        {
        left(rotSpeed,rotSpeed);     // 车子左转 0.5 秒 (视实际情况调整)。
```

```
                delay(500);
            }
        }
    else            // 前方障碍物距离大于等于 25 厘米?
                    forward(Rspeed,Lspeed);        // 车子继续前进。
}
// 超声波测距函数
int ping(int sig)
{
    unsigned long cm;        // 距离（单位：厘米）。
    unsigned long duration;        // 脉宽（单位：微秒）。
    pinMode(sig,OUTPUT);    // 设置数字引脚 2 为输出模式。
    digitalWrite(sig,LOW);            // 输出脉宽 5μs 的脉冲启动 PING)))。
    delayMicroseconds(2);
    digitalWrite(sig,HIGH);
    delayMicroseconds(5);
    digitalWrite(sig,LOW);
    pinMode(sig,INPUT);    // 设置数字引脚 2 为输入模式。
    duration=pulseIn(sig,HIGH);    // 读取物体距离的 PWM 信号。
    cm=duration/29/2;        // 计算物体距离（单位：厘米）。
    return cm;                // 返回物体距离值（单位：厘米）
}
// 前进函数
void forward(byte RmotorSpeed, byte LmotorSpeed)
{
        analogWrite(pwmR,RmotorSpeed);        // 设置右轮转速。
        analogWrite(pwmL,LmotorSpeed);        // 设置左轮转速。
        digitalWrite(posR,HIGH);        // 右轮正转。
        digitalWrite(negR,LOW);
        digitalWrite(posL,LOW);        // 左转反转。
        digitalWrite(negL,HIGH);
}
// 后退函数
void back(byte RmotorSpeed, byte LmotorSpeed)
{
        analogWrite(pwmR,RmotorSpeed);        // 设置右轮转速。
        analogWrite(pwmL,LmotorSpeed);        // 设置左轮转速。
    digitalWrite(posR,LOW);        // 右轮反转。
    digitalWrite(negR,HIGH);
    digitalWrite(posL,HIGH);        // 左轮正转。
    digitalWrite(negL,LOW);
}
// 停止函数
void pause(byte RmotorSpeed, byte LmotorSpeed)
{
    analogWrite(pwmR,RmotorSpeed);        // 设置右轮转速。
    analogWrite(pwmL,LmotorSpeed);        // 设置左轮转速。
    digitalWrite(posR,LOW);        // 右轮停止。
    digitalWrite(negR,LOW);
    digitalWrite(posL,LOW);        // 左轮停止。
```

```
        digitalWrite(negL,LOW);
}
// 右转函数
void right(byte RmotorSpeed, byte LmotorSpeed)
{
        analogWrite(pwmR,RmotorSpeed);        // 设置右轮转速。
        analogWrite(pwmL,LmotorSpeed);        // 设置左轮转速。
        digitalWrite(posR,LOW);        // 右轮停止。
        digitalWrite(negR,LOW);
        digitalWrite(posL,LOW);        // 左轮反转。
        digitalWrite(negL,HIGH);
}
// 左转函数
void left(byte RmotorSpeed, byte LmotorSpeed)
{
        analogWrite(pwmR,RmotorSpeed);        // 设置右轮转速。
        analogWrite(pwmL,LmotorSpeed);        // 设置左轮转速。
        digitalWrite(posR,HIGH);        // 右轮正转。
        digitalWrite(negR,LOW);
        digitalWrite(posL,LOW);        // 左轮停止。
        digitalWrite(negL,LOW);
}
```

 练习

1. 设计 Arduino 程序，控制含车灯的超声波避障自动机器人，两个车灯 Lled 和 Rled 分别连接到 Arduino 控制板的数字引脚 14 和 15。当自动机器人前进时，Rled、Lled 同时亮；当自动机器人右转时，Rled 亮；当自动机器人左转时，Lled 亮；当自动机器人后退时，Rled、Lled 同时灭。

2. 设计 Arduino 程序，控制含车灯的超声波避障自动机器人，3 个车灯 Lled、Mled 和 Rled 分别连接到 Arduino 控制板的数字引脚 14、15 和 16。当超声波模块转向右方（45°位置）时，Rled 亮；当超声波模块转向前方(90°位置)时，Mled 亮；当超声波模块转向左方（135°位置）时，Lled 亮。

第 11 章
RFID 导航
自动机器人实习

11-1 认识声音

声音是一种波动，声音的振动会引起空气分子有节奏的振动，使周围的空气产生疏密变化，形成疏密相间的纵波，因而产生了声波。人耳可以听到的声音频率范围在 20Hz ～ 20kHz 之间。如图 11-1 所示为常用的声音输出设备蜂鸣器（buzzer）和扬声器（loudspeaker）。如图 11-1(a) 所示的蜂鸣器可以分为有源蜂鸣器和无源蜂鸣器两种，有源又称为自激式，内含驱动电路，必须加直流电压，而且只能产生单一固定频率的声音输出。无源又称为他激式（或被激式），没有内部驱动电路，不同频率的交流信号可以产生不同频率的声音输出。如图 11-1(b) 所示的扬声器也称为喇叭，输出功率比蜂鸣器大，音质也较蜂鸣器好，但价格较高。

(a) 蜂鸣器

(b) 扬声器

图 11-1　声音输出设备

图 11-2 所示为声音信号，图 11-2(a) 所示是正弦波为组成声音的基本波形，声音的音量与其振幅 V_m 成正比；声音的音调与其周期 T 成反比；声音的发音长度与其输出时间长度成正比。在数字电路中经常使用图 11-2(b) 所示的方波来模拟正弦波，方波是由奇次谐波（harmonic）所组成的，奇次谐波频率为基本波频率的奇数倍，奇次谐波的数量越多，波形越接近方波。因数字电路带宽有限，只能以有限带宽来合成方波。

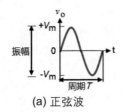
(a) 正弦波

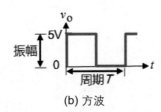
(b) 方波

图 11-2　声音信号

11-2 认识 RFID

射频识别（Radio Frequency IDentification，RFID）又称为电子标签，是一种通信技术。RFID 系统包含天线（antenna 或 coil）、读取器（reader）和 RFID 标签

（Tag）3 个部分。RFID 的工作原理是利用传感器发射无线电波，去触发感应范围内的 RFID 标签。RFID 标签借助电磁感应产生电流，来驱动 RFID 标签上的 IC 芯片的运行，并且利用电磁波返回 RFID 标签序号。

RFID 是一种非接触式、短距离的自动识别技术，RFID 读取器识别 RFID 标签完成后，会将数据传到系统端进行追踪、统计、核查、结账、存货控制等处理。RFID 技术被广泛运用于各种行业中，如门禁管理、货物管理、防盗应用、联合票证、动物监控追踪、仓储物料管理、医疗病历系统、卖场自动结账、自动控制、员工身份识别、生产流程追踪、高速公路自动收费系统等。RFID 具有小型化、多样化、可穿透性、可重复使用、高环境适应性等优点。

表 11-1 所示为 RFID 的频率范围，可分为低频（LF）、高频（HF）、超高频（UHF）和微波 4 种。低频 RFID 主要应用于门禁管理，高频 RFID 主要应用于智能卡，而超高频 RFID 不开放，主要应用于卡车或拖车追踪等，微波 RFID 则应用于高速公路电子收费系统（Electronic Toll Collection，ETC）。超高频 RFID 和微波 RFID 采用主动式标签，通信距离最长可达 10~50 米。

表 11-1　RFID 的频率范围

频段命名	频段	常用频率	通信距离	传输速度	标签价格	主要应用
低频	9~150kHz	125kHz	小于等于 10cm	低速	0.2 元	门禁管理
高频	1~300MHz	13.56MHz	小于等于 10cm	低中速	0.1 元	智能卡
超高频	300~1200MHz	433MHz	大于等于 1.5m	中速	1 元	卡车追踪
微波	2.45~5.80GHz	2.45GHz	大于等于 1.5m	高速	5 元	ETC

11-2-1 RFID 读取器

RFID 读取器通过无线电波来存取 RFID 标签上的数据。按其存取方式可分成 RFID 读取器和 RFID 读写器两种。RFID 读取器内部组成包含电源电路、天线、微控制器、接收器和发射器等。发射器负责将信号和交流电源通过天线发送给 RFID 标签。接收器负责接收 RFID 标签所回传的信号，通过近距离无线通信（Near Field Communication，NFC，或称为近场通信）技术将信号转交给微控制器处理。

RFID 读取器除了可以读取 RFID 标签内容外，也可以将数据写入 RFID 标签中。按照其功能可分成图 11-3(a) 所示的固定型读取器（stationary reader）和图 11-3(b) 所示的手持式读取器（handheld reader）两种类型，各有其用途。固定型读取器的数据处理速度快、通信距离较长、覆盖范围较大，但机动性较低。手持式读取器的机动性较高，但通信距离较短、覆盖范围较小。

(a) 固定型读取器   (b) 手持式读取器

图 11-3　RFID 读取器

11-2-2 RFID 标签

图 11-4 所示的 RFID 标签，按其种类可以分成贴纸型、卡片型和钮扣型等。如图 11-4(a) 所示为贴纸型 RFID 标签，采用纸张印刷，常应用于物流管理、防盗管理、图书馆管理、供应链管理等。卡片型和钮扣型 RFID 标签采用塑料包装，常应用于门禁管理、大众运输等。

(a) 贴纸型   (b) 卡片型   (c) 钮扣型

图 11-4　RFID 标签种类

图 11-5 所示为 RFID 标签的内部电路，由微芯片（microchip）和天线所组成。微芯片存储唯一的序号信息，而天线的功能用于感应电磁波和发送 RFID 标签序号。较大面积的天线所能感应的范围较远，但所占的空间较大。

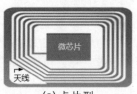

(a) 卡片型   (b) 钮扣型

图 11-5　RFID 标签的内部电路

RFID 标签按其驱动能量的来源可分为被动式、半主动式和主动式 3 种。被动式 RFID 标签本身没有电源，所需电流全靠 RFID 读取器的无线电磁波利用电磁感应原理所产生。只有在接收到 RFID 读取器所发出的信号，才会被动地响应信号给读取器，因为感应电流较小，所以通信距离较短。

半主动式 RFID 标签的规格类似于被动式，但多了一颗小型电池，若 RFID 读取器所发出的信号微弱，RFID 标签还是有足够的电力将其内部存储器的数据回传到读取器。半主动式 RFID 标签比被动式 RFID 标签的反应速度更快、通信距离更长。

主动式 RFID 标签内置电源用来供应内部 IC 芯片所需的电能，主动传送信号供读取器读取，电磁波信号较强，因此通信距离最长。另外，主动式 RFID 标签有较大的内存容量可用来存储 RFID 读取器所发送的附加信息。

11–3 认识 RFID 模块

常用的 RFID 模块有 125kHz 低频 RFID 模块和 13.56MHz 高频 RFID 模块两种。前者使用 125kHz 低频载波通信，主要应用于门禁管理，后者使用 13.56MHz 高频载波通信，主要应用于智能卡、门禁管理、员工身份识别等，两者无法通用。

11-3-1 125kHz 低频 RFID 模块

图 11-6 所示为 Parallax 公司所生产的 125kHz 低频 RFID 模块，使用标准串行通信接口，输出 TTL 电位，工作电压为 5V，最大传输速率为 2400bps，通信距离在 10 厘米以内。通信协议为 8 个数据位、无同步位（或起始位）和 1 个停止位的 8N1 格式。125kHz 低频 RFID 模块所读取的 RFID 标签序号包含 10 个字节的数据。

(a) 模块外观

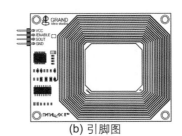

(b) 引脚图

图 11-6　低频 125KHz RFID 模块

因为 125kHz 低频 RFID 模块与 Arduino 控制板都是使用串行通信接口，在 Arduino 控制板上传程序时可能会相冲突而造成宕机。因此，在每次要上传程序到 Arduino 控制板之前，必须先将 RFID 模块串口的输出 SOUT 引脚与 Arduino 控制板的连接移除，待上传程序代码结束后，再将 SOUT 引脚接回 Arduino 板的数字引脚 0（RX）。若觉得麻烦，也可以直接使用 SoftwareSerial 函数设置 RFID 模块使用软件串口。

11-3-2 13.56MHz 高频 RFID 模块

图 11-7 所示为 NXP 公司所生产的 13.56MHz 高频 RFID 模块，使用 SPI 通信接口，输出 TTL 电位，工作电压为 3.3V，最大传输速率 10Mbps，通信距离在 6 厘米以内。13.56MHz 高频 RFID 模块所读取的 RFID 标签序号包含 5 个字节的数据。

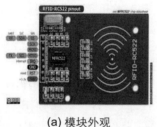

(a) 模块外观   (b) 引脚图

图 11-7   高频 13.56MHz RFID 模块

13.56MHz 高频 RFID 模块内部使用 Philips 公司生产的 MFRC522 原装芯片，所需函数库可到官方网站 https://github.com/miguelbalboa/rfid 下载。进入如图 11-8 所示的官方网站后，单击右下角的下载按钮   ⊕ Download ZIP   ，下载压缩文件 MFRC522.ZIP。下载并且解压缩后，将其存放在 Arduino/libraries 目录下。下载完成后，可以将 MFRC522 文件夹、MFRC522.cpp 和 MFRC522.h 这 3 个文件更名为 RFID 文件夹、RFID.cpp 和 RFID.h，这样比较容易识别。

图 11-8   RFID-RC522 函数库的下载页面

11–4 认识 RFID 导航自动机器人

所谓 RFID 导航自动机器人，是指利用 RFID 标签来定位自动机器人当前的位置，并按 RFID 标签所定义的内容，来控制车子执行前进、后退、右转、左转和停止等行走动作。

在第 4 章所述的红外线循迹自动机器人必须运行在黑色或白色的轨道上，而且轨道必须事先铺设完成。使用 RFID 技术进行自动机器人的导航，与红外线循迹技术相似，但是轨道颜色不要求，要更改自动机器人的行走路线也比较容易而且更有弹性。本章使用被动式 RFID 标签，每一个 RFID 标签都有一组独一无二的标签序号，必须先使用 RFID-RC522 模块来读取 RFID 标签序号并将其编码为前进、后退、右转、左转和停止等行走动作。

图 11-9 所示为 RFID 导航自动机器人的行走情况，黑色轨道只是说明 RFID 导航自动机器人行走情况，实际上并不存在。在图中的导航轨道实际上是使用 3 张"前进标签（Tag）"、4 张"左转标签（Tag）"和 1 张"右转标签（Tag）"共 8 张 RFID 标签所组成的。RFID 导航自动机器人并没有实际的"黑色"行走轨道，完全是由 RFID 标签来控制。因此 RFID 标签放置的位置必须按实际车速和 RFID-RC522 模块的感应速度来调整位置，才能得到正确的运行轨道。

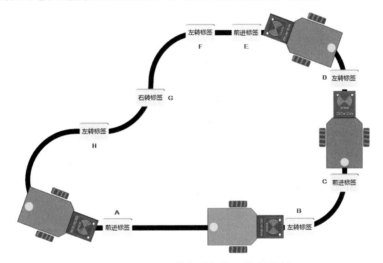

图 11-9　RFID 导航自动机器人的行走情况

当自动机器人行进至位置 A 时，感应到"前进标签"，自动机器人向前行走。当自动机器人行进至位置 B 时，感应到"左转标签"，自动机器人就左转。当自动机器人左转行进至位置 C 时，感应到"前进标签"，自动机器人就向前行走。当自动机器人行进至位置 D 时，感应到"左转标签"，自动机器人就左转。当自动机器人左转行进至位置 E 时，感应到"前进标签"，自动机器人就向前行走。当自动机器人行进至位置 F 时，感应到"左转标签"，自动机器人就左转。当自动机器人左转行进至位置 G 时，感应到"右转标签"，自动机器人就右转。当自动机器人右转行进至位置 H 时,感应到"左转标签",走机器人就左转。当自动机器人左转行进至位置 A 时,感应到"前进标签",走机器人就向前行走,因此自动机器人可以重复行走在所设置的轨道上。如表 11-2 所示为 RFID 导航自动机器人行走的控制策略。

表 11-2　RFID 导航自动机器人行走的控制策略

RFID 标签	控制策略	左轮	右轮
前进标签	前进	反转	正转
后退标签	后退	正转	反转
右转标签	右转	反转	停止
左转标签	左转	停止	正转
停止标签	停止	停止	停止

11–5 读取 RFID 标签序号

图 11-10 所示为 RFID 标签读取机的电路接线图,包含 13.56MHz 高频 RFID 模块、声音模块、Arduino 控制板 3 个部分。

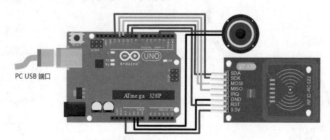

图 11-10　RFID 标签读取器的电路接线图

1. 13.56MHz 高频 RFID 模块

Arduino 控制板使用数字引脚 10~13 作为 SPI 接口的 SS、MOSI、MISO 和 SCK 引脚,将其与 RFID 模块相对应的引脚连接。并由 Arduino 控制板的 +5V 供电给 RFID 模块。

2. 声音模块

声音模块使用他激式蜂鸣器,可以由 Arduino 控制板输出不同频率的交流信号来控制蜂鸣器产生不同音调的声音。将蜂鸣器的正端连接到 Arduino 控制板数字引脚 3,蜂鸣器的负端连接到 Arduino 控制板 GND 引脚。当读取到 RFID 标签序号时，蜂鸣器会发出短哔声。

3. Arduino 控制板

Arduino 控制板为控制中心，控制 RFID 模块读取 RFID 标签序号，并将其显示在"串口监视器"窗口中。

☐ **功能说明：**

使用 RFID 模块读取 RFID 标签序号，并且将 RFID 标签序号以十进制数值显示在 Arduino IDE 的"串口监视器"窗口中。

程序：ch11_1.ino

```
#include <SPI.h>    // 使用 SPI.h 函数库。
#include <RFID.h>         // 使用 RFID.h 函数库。
const int speaker=3;      // 喇叭连接到 Arduino 控制板数字引脚 3。
const int RST_PIN=9;      //RFID 模块 RST 脚连接到数字引脚 9。
const int SS_PIN=10;      //RFID 模块 SDA 脚连接到数字引脚 10。
RFID rfid(SS_PIN,RST_PIN);         // 设置 RFID 模块的 RST、SDA 数字引脚。
// 设置初值
void setup()
{
    Serial.begin(9600);    // 设置串口速率为 9600bps。
    SPI.begin();    // 初始化 SPI 通信接口。
    rfid.init();    // 初始化 RFID 通信接口。
}
// 主循环
void loop()
{
    if(rfid.isCard())         // 感应到 RFID 标签?
    {
        if(rfid.readCardSerial())        // 已读到 RFID 标签的 5 个序号?
        {
        Serial.print(rfid.serNum[0],DEC);   // 显示标签序号的第 1 个数字。
        Serial.print(" ");
        Serial.print(rfid.serNum[1],DEC);   // 显示标签序号的第 2 个数字。
        Serial.print(" ");
        Serial.print(rfid.serNum[2],DEC);   // 显示标签序号的第 3 个数字。
        Serial.print(" ");
        Serial.print(rfid.serNum[3],DEC);   // 显示标签序号的第 4 个数字。
        Serial.print(" ");
        Serial.print(rfid.serNum[4],DEC);   // 显示标签序号的第 5 个数字。
        Serial.println("");
        tone(speaker,1000);               // 产生 1kHz 单音 50 毫秒。
        delay(50);
            noTone(speaker);              // 关闭蜂鸣器输出。
            }
            rfid.halt();          //RFID 标签读取器进入待命状态。
```

```
        delay(1000);    // 延迟1秒后再读取 RFID 标签。
    }
}
```

练习

1. 设计 Arduino 程序，使用 RFID 模块读取 RFID 标签序号，并且将 RFID 标签序号以十六进制数值显示在 Arduino IDE 的"串口监视器"窗口中。
2. 设计 Arduino 程序，使用 RFID 模块读取"公交智能卡"的标签序号，并以十进制数值显示在 Arduino IDE 的"串口监视器"窗口中。

11-6 制作 RFID 导航自动机器人

图 11-11 所示为 RFID 导航自动机器人的电路接线图，包含 13.56MHz 高频 RFID 模块、声音模块、Arduino 控制板、马达驱动模块、马达部件和电源电路 6 个部分。

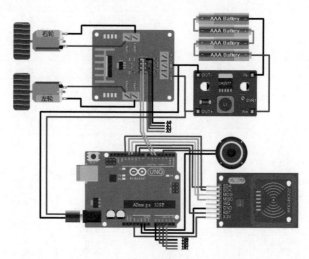

图 11-11　RFID 导航自动机器人的电路接线图

1. 13.56MHz 高频 RFID 模块

Arduino 控制板使用数字引脚 10~13 作为 SPI 接口的 SS、MOSI、MISO 和 SCK 引脚，与 RFID 模块相对应的引脚互相连接，由 Arduino 控制板板的 +5V 供电给 RFID 模块。

2. 声音模块

声音模块使用他激式蜂鸣器，可以由 Arduino 控制板输出不同频率的交流信号来控制蜂鸣器产生不同音调的声音。将蜂鸣器的正端连接到 Arduino 控制板数字引脚 3，蜂鸣器的负端连接到 Arduino 控制板 GND 引脚。

3. Arduino 控制板

Arduino 控制板为控制中心，控制 RFID 模块读取 RFID 标签序号，并按照序号所设置的自动机器人控制码来驱动左、右两组减速直流马达，使自动机器人能够正确行走在预先规划的轨道上。

4. 马达驱动模块

马达驱动模块使用 L298 驱动芯片来控制两组减速直流马达，其中 IN1、IN2 输入信号控制左轮转向，而 IN3、IN4 输入信号控制右轮转向。另外，Arduino 控制板输出两组 PWM 信号连接到 ENA 和 ENB，分别控制左轮和右轮的转速。因为马达有最小的启动扭矩电压，所输出的 PWM 信号平均值不可太小，以免无法驱动马达转动。PWM 信号只能微调马达转速，如果需要较低的转速，可以改用较大减速比的减速直流马达。

5. 马达部件

马达部件包含两组 300rpm/min（测试条件为 6V）的金属减速直流马达、两个固定座、两个 D 型接头 43mm 橡皮车轮和一个万向轮，橡皮材质的轮子比塑料材质的轮子摩擦力大而且易于控制。

6. 电源电路

电源模块包含 4 个 1.5V 一次性电池或 4 个 1.2V 充电电池及 DC-DC 升压模块，调整 DC-DC 升压模块中的 SVR1 可变电阻，使输出升压至 9V，再将其连接到 Arduino 控制板和马达驱动模块以给它们供电。如果使用的是两个 3.7V 的 18650 锂电池，就不需要再使用 DC-DC 升压模块了。每个容量 2000mAh 的 1.2V 镍氢电池的售价约 18 元，每个容量 3000mAh 的 18650 锂电池的售价约 50 元。

◻ 功能说明：

使用 RFID 标签来控制 RFID 导航自动机器人按顺时针方向行走在如图 11-12 所示的轨道上。每次感应到 RFID 标签时，蜂鸣器都会发出提示的短哔声以提醒人员，自动机器人同时会变换行进方向。自动机器人的车速不可以太快，否则无法正确感应到 RFID 标签。另外，RFID 标签必须预放置于预先规划的运行轨道上。

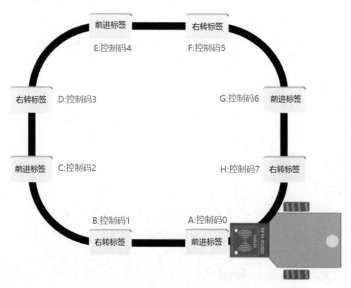

图 11-12　RFID 导航自动机器人的顺时针行走的轨道

程序：ch11_2.ino

```
#include <SPI.h>    //使用 SoftwareSerial.h 函数库。
#include <RFID.h>            // 使用 RFID.h 函数库。
const int speaker=3;        // 蜂鸣器连接 Arduino 控制板数字引脚 3。
const int RST_PIN=9;        //RFID 模块 RST 引脚连接数字引脚 9。
const int SS_PIN=10;        //RFID 模块 SDA 引脚连接数字引脚 10。
boolean exact=true;         //RFID 序号判断位。
int serNum[5];              // 所读取的 RFID 标签序号的存储位置。
int temp[5];                // 所读取的 RFID 标签序号的临时存储位置。
int cardNo=-1;              //RFID 标签控制码。
const int count=8; // 使用 8 张 RFID 标签。
const int tagLen=5;         // 每张 RFID 标签有 5 个数字的序号。
int card[count][tagLen]=
        {  {148,174,192, 14,244},       // 前进标签,cardNo=0。
         { 90,115,236,164, 97},      // 右转标签,cardNo=1。
            {194, 31,236,164,149},       // 前进标签,cardNo=2。
            {160,230,233,132, 43},       // 右转标签,cardNo=3。
            {140,174,234,132, 76},       // 前进标签,cardNo=4。
            {121,234,233,132,254},       // 右转标签,cardNo=5。
            {150,112,233,132,139},       // 前进标签,cardNo=6。
            { 93, 47,234,132, 28}        // 右转标签,cardNo=7。
        };
RFID rfid(SS_PIN,RST_PIN);          // 设置 RFID 模块 SDA、RST 的数字引脚。
const int negR=A0; // 右轮负极连接 Arduino 控制板 A0 引脚。
const int posR=A1;          // 右轮正极连接 Arduino 控制板 A1 引脚。
```

```
const int negL=A2;          // 左轮负极连接 Arduino 控制板 A2 引脚。
const int posL=A3;          // 左轮正极连接 Arduino 控制板 A3 引脚。
const int pwmR=5;  // 右轮转速控制引脚。
const int pwmL=6;  // 左轮转速控制引脚。
const int Rspeed=125;       // 右轮转速。
const int Lspeed=130;       // 左轮转速。
int i,j;                    // 整数变量。
void compTag(void);         //RFID 标签序号对比函数。
// 设置初值

void setup()

{
    Serial.begin(9600);    // 串口速率为 9600bps。
    SPI.begin();   // 初始化 SPI 接口。
    rfid.init();           // 初始化 RFID 接口。
    pinMode(posR,OUTPUT);  // 设置 A0 引脚为输出引脚。
    pinMode(negR,OUTPUT);  // 设置 A1 引脚为输出引脚。
    pinMode(posL,OUTPUT);  // 设置 A2 引脚为输出引脚。
    pinMode(negL,OUTPUT);      // 设置 A3 引脚为输出引脚。
}
// 主循环

void loop()

{
    if(rfid.isCard())        // 已感应到 RFID 标签?
    {
            if(rfid.readCardSerial())      // 读取 RFID 标签序号。
            {
            Serial.print(rfid.serNum[0],DEC);  // 显示标签序号的第 1 个数字。
            Serial.print(" ");
            Serial.print(rfid.serNum[1],DEC);  // 显示标签序号的第 2 个数字。
            Serial.print(" ");
            Serial.print(rfid.serNum[2],DEC);  // 显示标签序号的第 3 个数字。
            Serial.print(" ");
            Serial.print(rfid.serNum[3],DEC);  // 显示标签序号的第 4 个数字。
            Serial.print(" ");
            Serial.print(rfid.serNum[4],DEC);  // 显示标签序号的第 5 个数字。
            Serial.println("");
            tone(speaker,1000);  // 产生提示哔哔声。
            delay(50);
            noTone(speaker);
            for(i=0;i<5;i++)     // 把序号暂存在 temp 中。
            temp[i]=rfid.serNum[i];
            }
    rfid.halt();       //RFID 模块进入待机状态 1 秒。
    delay(1000);
    compTag();         // 对比所读取标签序号的行走动作。
    Serial.print("cardNo=");    // 显示标签控制码。
    Serial.println(cardNo);
            if(cardNo==0)  // 标签控制码 =0 ?
            forward(Rspeed,Lspeed);     // 车子前进。
            else if(cardNo==1)    // 标签控制码 =1 ?
            right(Rspeed,Lspeed); // 车子右转。
```

```
        else if(cardNo==2)      // 标签控制码=2?
        forward(Rspeed,Lspeed);      // 车子前进。
        else if(cardNo==3)      // 标签控制码=3?
        right(Rspeed,Lspeed); // 车子右转。
        else if(cardNo==4)      // 标签控制码=4?
        forward(Rspeed,Lspeed);      // 车子前进。
        else if(cardNo==5)      // 标签控制码=5?
        right(Rspeed,Lspeed);      // 车子右转。
        else if(cardNo==6)      // 标签控制码=6?
        forward(Rspeed,Lspeed);      // 车子前进。
        else if(cardNo==7)      // 标签控制码=7?
        right(Rspeed,Lspeed);      // 车子右转。
        else            // 无法识别的标签控制码。
        pause(0,0);            // 车子停止。
    }
}
// 对比 RFID 卡号
void compTag(void)
{
    cardNo=-1;            // 清除标签控制码。
    for(i=0;i<count;i++)  // 对比所有标签序号。
    {
        exact=true;      // 预设 exact=true，代表序号正确。
        for(j=0;j<tagLen;j++) // 与内建 RFID 标签序号对比。
        {
            if(rfid.serNum[j]!=card[i][j])          // 标签序号不同?
                exact=false;            // 设置 exact=false。
        }
        if(exact==true)      // 若标签序号正确则存储标签控制码。
        {
        cardNo=i;
        }
    }
}
// 前进函数
void forward(byte RmotorSpeed, byte LmotorSpeed)
{
        analogWrite(pwmR,RmotorSpeed);      // 设置右轮转速。
        analogWrite(pwmL,LmotorSpeed);      // 设置左轮转速。
        digitalWrite(posR,HIGH);      // 右轮正转。
        digitalWrite(negR,LOW);
        digitalWrite(posL,LOW);      // 左转反转。
```

```
        digitalWrite(negL,HIGH);
}
// 后退函数
void back(byte RmotorSpeed, byte LmotorSpeed)
{
        analogWrite(pwmR,RmotorSpeed);         // 设置右轮转速。
        analogWrite(pwmL,LmotorSpeed);         // 设置左轮转速。
    digitalWrite(posR,LOW);        // 右轮反转。
    digitalWrite(negR,HIGH);
    digitalWrite(posL,HIGH);       // 左轮正转。
    digitalWrite(negL,LOW);
}
// 停止函数
void pause(byte RmotorSpeed, byte LmotorSpeed)
{
    analogWrite(pwmR,RmotorSpeed);         // 设置右轮转速。
    analogWrite(pwmL,LmotorSpeed);         // 设置左轮转速。
    digitalWrite(posR,LOW);        // 右轮停止。
    digitalWrite(negR,LOW);
    digitalWrite(posL,LOW);        // 左轮停止。
    digitalWrite(negL,LOW);
}
// 右转函数
void right(byte RmotorSpeed, byte LmotorSpeed)
{
        analogWrite(pwmR,RmotorSpeed);         // 设置右轮转速。
        analogWrite(pwmL,LmotorSpeed);         // 设置左轮转速。
        digitalWrite(posR,LOW);        // 右轮停止。
        digitalWrite(negR,LOW);
        digitalWrite(posL,LOW);        // 左轮反转。
        digitalWrite(negL,HIGH);
}
// 左转函数
void left(byte RmotorSpeed, byte LmotorSpeed)
{
    analogWrite(pwmR,RmotorSpeed);         // 设置右轮转速。
    analogWrite(pwmL,LmotorSpeed);         // 设置左轮转速。
    digitalWrite(posR,HIGH);       // 右轮正转。
    digitalWrite(negR,LOW);
    digitalWrite(posL,LOW);        // 左轮停止。
    digitalWrite(negL,LOW);
}
```

1. 设计 Arduino 程序，使用 RFID 标签来控制 RFID 导航自动机器人逆时针行走
如图 11-13 所示的轨道。每次感应到 RFID 标签时，蜂鸣器都会发出短哔声。

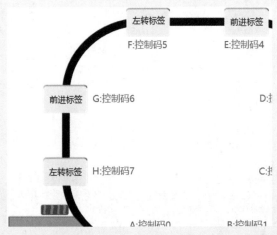

图 11-13　RFID 导航自动机器人逆时针行走的轨道

2. 设计 Arduino 程序，使用 RFID 标签来控制 RFID 导航自动机器人的行走方向。
当 RFID-RC522 模块感应到"前进标签"时，车子前进。当 RFID-RC522 模块
感应到"后退标签"时，车子后退。当 RFID-RC522 模块感应到"右转标签"时，
车子右转。当 RFID-RC522 模块感应到"左转标签"时，车子左转。当 RFID-
RC522 模块感应到"停止标签"时，车子停止。每次感应到 RFID 标签时，蜂
鸣器都会发出短哔声。

 何谓 NFC ?

近距离无线通信（Near Field Communication，NFC，近场通信）是一种短距离的高频无
线通信技术，允许电子设备之间在 20 厘米的范围内进行非接触式的点对点数据传输。

NFC 是由 Philips 和 Sony 联合开发的一种无线连接技术，整合了 RFID 和互连等技术，主
要应用于数字消费类电子产品，如手机、手表、PDA、数字相机、游戏机、计算机以及金
融、交通等。NFC 可使蓝牙、无线 USB 和 Wi-Fi 网络等设备之间的连接变得极为简单。虽
然 NFC 的传输速度与距离均比不上蓝牙，但比蓝牙受到的干扰小，极适合于设备密集的场
所。

何谓 SPI？

串行外设接口总线（Serial Peripheral Interface bus，SPI）是一种短距离、快速的 4 线同步串行通信接口，包含串行频率（SCLK）、主出从入（MOSI）、主入从出（MISO）和从线选（SS）共 4 线。

SPI 使用主（Master）/ 从（Slave）结构进行通信，如图 11-14(a) 所示为一对一主 / 从结构，由主设备（通常是微控制器）产生同步频率，将线选引脚的电位拉低，即可通过 MOSI 和 MISO 与从设备进行数据的传输。如图 11-14(b) 所示为一对多主 / 从结构，当主设备要与多个从设备进行通信时，由主设备（通常是微控制器）产生同步频率，再将要进行通信的从设备的线选电位拉低，即可通过 MOSI 和 MISO 与从设备进行数据的传输。因为是点对点数据传输，所以每次只启用 SS1、SS2、SS3 中的一个从设备。

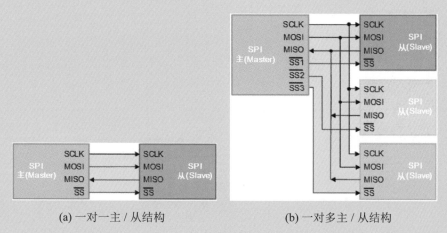

(a) 一对一主 / 从结构　　　　　　(b) 一对多主 / 从结构

图 11-14　SPI 主 / 从结构

NOTE

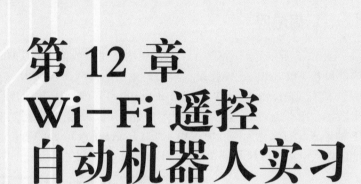

第 12 章
Wi-Fi 遥控
自动机器人实习

12–1 认识计算机网络

所谓计算机网络（computer network），是指计算机与计算机之间利用线缆连接，以达到数据传输和资源共享的目的。按网络连接的方式可以分为有线计算机网络和无线计算机网络，有线计算机网络使用双绞线、同轴电缆或光纤等介质连接，无线计算机网络使用无线电波、红外线、激光或卫星等介质连接。按网络连接的范围大小可以分为局域网（Local Area Network，LAN）和广域网（Wide Area Network，WAN），现在所使用的因特网（Internet）就是广域网的一种应用。

12-1-1 局域网

图 12-1 所示为局域网（LAN），使用路由器或集线器（Hub）将家庭或公司的内部设备（device）连接起来，再由路由器或集线器自动为网内的每台计算机分配一个私有（private）的 IP（Internet Protocol）地址。IP 地址以 4 个字节（32 位）来表示，IP 地址中每个字节的数字都介于 0~255 之间，例如 192.168.0.100，这种 IP 地址表示方法称为网际协议第 4 版（Internet Protocol Version 4，IPv4）。私有 IP 地址如同电话的分机号码，随时可以更改，但无法直接连上因特网。

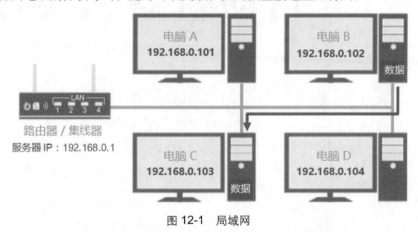

图 12-1　局域网

路由器默认使用等级 C（Class C）的私有 IP 地址 192.168.x.x，其中 192.168.0.1 和 192.168.1.1 是最常用的服务器私有 IP 地址。在 IP 地址的 4 组数字当中，保留最后一个数字为 0 的 IP 地址给该网络的主机，最后一个数字为 255，用来作为广播地址，用于发出信息给网络上的所有计算机。以 192.168.0.x 的网络为例，其中 192.168.0.0 代表网络本身，而 192.168.0.255 代表网络上的所有计算机，这两个地址无法指定给其他网络设备使用，因此实际上可以使用的网络主机数量只有 254 个。我们可以在 Internet Explorer/Google Chrome/Firefox 等网页浏览器中输入服务器 IP 地址来打开网络设置页面。设置完成后，局域网内的计算机就可以相互传送数据以达到资源共享的目的。

12-1-2 广域网

图 12-2 所示为广域网（WAN），是由全世界各地的 LAN 互相连接而成，广域网必须向因特网服务提供商（Internet Service Provider，ISP）租用长距离传输线路，再由 ISP 服务提供商分配一个固定 IP 地址或动态 IP 地址，用户才能连接上因特网。固定 IP 地址或动态 IP 地址又称为全球（global）IP 地址或公网 IP 地址，是由因特网名称和号码分配协会（The Internet Corporation for Assigned Names and Numbers，ICANN）所负责管理的，每个公网 IP 地址必须是独一无二的，不能自行设置。公网 IP 地址如同家用电话号码，每个家用电话号码都是唯一的。发送者根据接收者的公网 IP 地址，将数据发送到唯一目的地的公网 IP 地址，以完成连接通信。

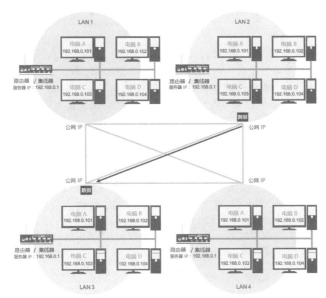

图 12-2　广域网

 何谓 IP？

常见的 IP 地址可以分为 IPv4 和 IPv6 两大类，其中 IPv4 是由 4 个 8 位二进制数所组成的 32 位二进制数组，彼此间再以"."（点符号）隔开，表示成 xxxxxxxx.xxxxxxxx.xxxxxxxx.xxxxxxxx 形式，其中 x 代表 0 或 1 的 1 位二进制数。由于二进制表示法太过冗长而且不容易记忆，因此改用十进制表示法表示成 nnn.nnn.nnn.nnn 的形式，其中 nnn 代表介于 000~255 之间的十进制数值。

如表 12-1 所示为 IPv4 地址的分类和范围，可分为 A、B、C、D、E 五大类。其中 A 类由政府、研究机构和大型企业使用，B 类由中型企业使用，C 类由 ISP 服务商和小型企业使用，D 类用于多点广播（Multicast），而 E 类保留用于研究。

表 12-1　IPv4 地址的分类和范围

分类	第 1 个二进制数	第 2 个二进制数	第 3 个二进制数	第 4 个二进制数
	网络地址	主机地址		
A	0xxxxxxx	xxxxxxxx	xxxxxxxx	xxxxxxxx
B	10xxxxxx	xxxxxxxx	xxxxxxxx	xxxxxxxx
C	110xxxxx	xxxxxxxx	xxxxxxxx	xxxxxxxx
D	1110xxxx	xxxxxxxx	xxxxxxxx	xxxxxxxx
E	1111xxxx	xxxxxxxx	xxxxxxxx	xxxxxxxx

表 12-1 中的 IPv4 地址包含网络地址和主机地址，其中网络地址用来识别所属网络，而主机地址用来识别该网络中的设备。

等级 A 的网络数量有 2^7=128 个，主机数量有 2^{24}-2=16 777 214 个。等级 B 的网络数量有 2^{14}=16 384 个，主机数量有 2^{16}-2=65 534 个。等级 C 的网络数量有 2^{21}=2 097 152 个，主机数量有 2^8-2=254。主机数量减 2 是因为最前面的数字 0 代表网络本身，最后一个数字 255 用于广播。

虽然 IPv4 可以使用的 IP 地址约有 42 亿（232）个，看似不会用尽。但是因为很多区域的编码实际上是被空出保留或不能使用的，而且随着因特网的普及，已经使用了大量 IPv4 地址资源，IPv4 地址有被用尽的问题，最新版本的 IPv6 技术可以用来克服这一问题。

IPv6 是由 8 个 16 位所组成的 128 位二进制数组，彼此间再以"："（冒号）隔开，以十六进制表示法表示成 hhhh:hhhh:hhhh:hhhh:hhhh:hhhh:hhhh:hhhh 的形式，其中 hhhh 代表介于 0000~FFFF 之间的十六进制数值。IPv6 可以使用的 IP 地址有 2128 ≈ 3.4×1038 个，远大于 IPv4 可以使用的数量范围。虽然 IPv4 与 IPv6 只是版本上的差异，但实际上是完全不同的协议，两者不能互通。

12-1-3　无线局域网

所谓无线局域网（Wireless Local Area Network，WLAN），是指后端连接电信服务商的调制解调器（modem）的无线接入点（Access Point，AP）发射无线电波信号，再由用户计算机所安装的无线网卡来接收信号以便连接上网的局域网。应无线局域网的需求，美国电气和电子工程师协会（IEEE）制定了无线局域网的通信标准 IEEE802.11，以这个标准为基础的无线局域网称为 Wi-Fi，使用如图 12-3 所示的 Wi-Fi 标志和符号。Wi-Fi 只是 Wi-Fi 联盟制造商的品牌认证商标，而不是任何英文单词的缩写。现今 Wi-Fi 已经普遍地应用于个人计算机、笔记本电脑、智能手机、游戏机、MP3 播放器以及打印机等外围设备。

(a) Wi-Fi 标志

(b) 符号

图 12-3　Wi-Fi 的标志和符号

表 12-2 所示为 IEEE802.11 通信标准的分类，第一代 IEEE802.11b 标准使用 2.4GHz 的频段，与无线电话、蓝牙等许多无线设备共享这个不需要申请牌照的频段，最大速率为 11Mbps。

表 12-2　IEEE802.11 通信标准的分类

协议	发布年份	频段	最大速率	最大带宽	室内 / 室外范围
802.11b	1999	2.4GHz	11Mbps	20MHz	30m/100m
802.11a	1999	5GHz	54 Mbps	20MHz	30m/45m
802.11g	2003	2.4GHz	54 Mbps	20MHz	30m/100m
802.11n	2009	2.4GHz / 5GHz	600Mbps	40MHz	70m/250m
802.11ac	2011	5GHz	1Gbps	160MHz	35m/

因为 2.4GHz 频段已经被到处使用，接口设备之间的通信很容易互相干扰，因此才会有第二代 IEEE802.11a 标准的出现。IEEE802.11a 标准使用 5GHz 的频段，最大速率提升到 54Mbps，但是传输距离远不及 802.11b 标准。第三代 IEEE802.11g 标准是 IEEE802.11b 标准的改进版，传输速率提升到 54 Mbps，为现今多数 Wi-Fi 设备所使用的标准。

IEEE 802.11 a/b/g 标准都只能支持单输入单输出（Single-input Single-output，SISO）模式，因此只使用单一天线。第四代 802.11n 标准可以同时支持 4 组收发模式，使用 4 根天线，理论上最大传输速率提升 4 倍，大大增加了数据的传输量。第五代 802.11ac 标准采用更高的 5GHz 频段，可以同时支持 8 组收发模式，理论上最大传输速率可以提升 8 倍，因此提供了更快的传输速率和更稳定的信号质量。

12-2 认识以太网模块

图 12-4 所示为以太网（Ethernet）模块，以 W5100 芯片为核心，支持 mini SD 卡的读写，可以用来存储网页和数据，使用 RJ-45 以太网的网线与路由器 / 集线器来连接上网。使用 Arduino Ethernet 官方所提供的链接库，可以实现一个简单的 Web 服务器，通过网络来读写 Arduino 的数字和模拟接口，以实现网络远程控制的应用目的。

(a) Arduino Ethernet 模块　　　　　(b) Ethernet 扩展板（以太网扩展板）

图 12-4　以太网模块（Ethernet 模块）

图 12-4(a) 所示为 Arduino Ethernet 模块，除了具备 Arduino UNO 板的所有功能外，还增加了以太网的网络功能。图 12-4(b) 为 Ethernet 扩展板，只具有以太网的网络功能，必须将以太网扩展板连接到 Arduino UNO 控制板上才能使用。

以太网模块所使用的 W5100 芯片本身约消耗 150mA 的电流，工作电压为5V，连接速度为 10M/100Mbps，以 SPI 接口与 Arduino 控制板建立通信连接，因此数字引脚 10~13 必须空下来不能使用。以太网模块支持 mini SD 卡的读写，可用来存储网页和数据，使用数字引脚 4 作为 mini SD 卡的线选引脚，因此数字引脚 4 不能用于其他用途。

12-3 制作以太网家电控制电路

图 12-5 所示为以太网家电控制电路的接线图，包含以太网扩展板、LED 电路、Arduino 控制板、面包板原型扩展板和电源电路 5 部分。

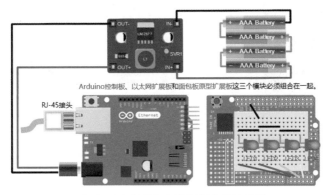

图 12-5 以太网家电控制电路的接线图

1. 以太网扩展板

将以太网扩展板与 Arduino 控制板先行组合，由 Arduino 控制板的 +5V 供电给以太网扩展板。使用 RJ45 以太网的网线连接以太网扩展板与路由器，以太网扩展板使用 SPI 接口与 Arduino 控制板进行通信，因此 Arduino 控制板的数字引脚 10~13 不可再用于其他用途。

2. LED 电路

Arduino 控制板与面包板原型扩展板先行组合，将 4 个 LED 插入面包板中，并且将所有 LED 的阴极引脚连接到 Arduino 板的 GND 引脚。LED1~LED4 四个 LED 分别连接到 Arduino 控制板的数字引脚 14~17（使用模拟引脚 A0~A3）。再由数字引脚 14~17 来控制 LED 亮与灭。

如果要实际控制家电，必须使用如图 12-6 所示的继电器电路来控制家电的电源。如图 12-6(a) 所示为继电器（Relay），输入直流电压必须使用 5V 规格，才能配合 Arduino 数字引脚的输出基准电位，Relay 的输出交流电压必须使用 220V 的规格，才能配合 AC220V 的家电电器。另外，Relay 的额定电流必须大于家电的额定电流，Relay 才不会因过载而烧毁。如图 12-6(b) 所示为继电器的电路图，由 Arduino UNO 数字引脚来控制 Q1、Q2 达林顿（darlington）电路。当数字引脚输出 HIGH 高电位，将使 LED 亮且 Q1、Q2 导通，继电器线圈激磁，致使内部开关由常闭点（Normal Close，NC）切换至常开点（Normal Open，NO），由 AC220V 交流电源供电提供负载。当数字引脚输出低电位（LOW）时，LED 不亮且负载断电。1N4001 硅质二极管是用来保护 Q1、Q2 晶体管的。

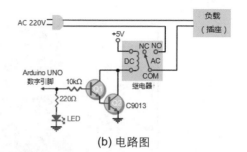

(a) 继电器组件　　　　　　　　　　　　(b) 电路图

图 12-6　继电器的电路

图 12-7 所示为 4 Relay 继电器模块，内部包含 4 组图 12-6 所示继电器的电路，继电器模块输入端与 Arduino 数字引脚连接，输出端则连接家电负载。经由 Arduino 控制板的数字引脚来控制负载电源。每个 4 Relay 继电器模块约 36 元。

图 12-7　4 Relay 继电器模块

3. Arduino 控制板

Arduino 控制板为控制中心，检测以太网扩展板所接收到的数据，来控制 LED1、LED2、LED3、LED4 四个 LED 的亮 / 灭。当 Arduino 控制板数字引脚输出高电位（HIGH）时 LED 亮，当 Arduino 控制板数字引脚输出低电位（LOW）时 LED 灭。

4. 电源电路

电源模块包含 4 个 1.5V 一次性电池或 4 个 1.2V 充电电池及 DC-DC 升压模块，调整 DC-DC 升压模块中的 SVR1 可变电阻，使输出升压至 9V，再将其连接到 Arduino 控制板和马达驱动模块以给它们供电。如果使用的是两个 3.7V 的 18650 锂电池，就不需要再使用 DC-DC 升压模块了，每个容量 3000mAh 的 18650 锂电池的售价约为 50 元。

□ **功能说明：**

　　使用以太网远程控制 4 组家电的打开（ON）与关闭（OFF）。输入私有 IP 地址（本例为 192.168.0.170）开启如图 12-8 所示的客户端控制网页。

　　本例使用 LED0~LED3 四个 LED 来代替"客厅灯""玄关灯""卧室灯""书房灯"。按"客厅灯"的 打开ON 按钮，可以点亮 LED0，按"客厅灯"的 关闭OFF 按钮，可以关闭 LED0。按"玄关灯"的 打开ON 按钮，可以点亮 LED1，按"玄关灯"的 关闭OFF 按钮，可以关闭 LED1。按"卧室灯"的 打开ON 按钮，可以点亮 LED2，按"卧室灯"的 关闭OFF 按钮，可以关闭 LED2。按"书房灯"的 打开ON 按钮，可以点亮 LED3，按"书房灯"的 关闭OFF 按钮，可以关闭 LED3。

图 12-8　客户端的控制网页

　　本例使用了 HTTP（Hyper Text Transfer Protocol）通信协议，利用 GET 方法直接将要发送的数据加在所链接的网址 URL 的后面发送出去。表 12-3 所示为客户端按下不同按钮时所提交的 URL 内容。

表 12-3　客户端提交的 URL 内容

按钮	URL 内容	按钮	URL 内容
客厅灯 ON	192.168.0.170/?L=0	卧室灯 ON	192.168.0.170/?L=4
客厅灯 OFF	192.168.0.170/?L=1	卧室灯 OFF	192.168.0.170/?L=5
玄关灯 ON	192.168.0.170/?L=2	书房灯 ON	192.168.0.170/?L=6
玄关灯 OFF	192.168.0.170/?L=3	书房灯 OFF	192.168.0.170/?L=7

程序：ch12-1.ino

```
#include <SPI.h>          // 使用 SPI 函数库。
#include <Ethernet.h>     // 使用 Ethernet 函数库。
byte mac[]={0xDE,0xAD,0xBE,0xEF,0xFE,0xED}; // 网卡 MAC 地址。
IPAddress ip(192,168,0,170);      // 输入您的私有 IP 地址。
IPAddress gateway(192,168,0,1);   // 输入您的服务器 IP 地址。
IPAddress subnet(255,255,255,0);  // 子网掩码。
EthernetServer server(80);        // 设置服务器通信端口为 80。
String readString = String(50);   // 定义长度为 50 个字符的字符串。
const int led0=14;       //Arduino 控制板数字引脚 14 连接 led0。
const int led1=15;//Arduino 控制板数字引脚 15 连接 led1。
const int led2=16;//Arduino 控制板数字引脚 16 连接 led2。
const int led3=17;//Arduino 控制板数字引脚 17 连接 led3。
// 设置初值
void setup()
{
    pinMode(led0,OUTPUT); // 设置 Arduino 控制板数字引脚 14 为输出端口。
    pinMode(led1,OUTPUT); // 设置 Arduino 控制板数字引脚 15 为输出端口。
    pinMode(led2,OUTPUT); // 设置 Arduino 控制板数字引脚 16 为输出端口。
    pinMode(led3,OUTPUT);         //设置Arduino控制板数字引脚17为输出端口。
    digitalWrite(led0,LOW);   // 关闭 led0。
    digitalWrite(led1,LOW);   // 关闭 led1。
    digitalWrite(led2,LOW);   // 关闭 led2。
    digitalWrite(led3,LOW);   // 关闭 led3。
    Ethernet.begin(mac,ip);           // 启动与 DHCP 的网络链接。
    server.begin();       // 启动服务器。
}
// 主循环
void loop()
{
    EthernetClient client = server.available();// 监听客户端的连接请求。
    if (client)                        // 客户端是否有连接请求？
    {
            client.print("<html>");                  //html 网页。
            client.print("<head>");
            client.print("<meta http-equiv=content-type content=text/
html;charset=UTF-8>");
            client.print("<style>");                 // 设置网页格式。
            client.print("body,input{font-family: verdana,Times New
Roman, 微软雅黑, 宋体 ;}");
            client.print("p{text-align:center;font-size:60px;}");
            client.print("table{text-align:center;border-
collapse:collapse}");
            client.print("th,td,input{align:center;margin:2px;padding:1
0px;font-size:40px}");
            client.print("th{color:white;}");
```

```
        client.print("</style>");
        client.print("</head>");
        client.print("<body>");
        client.print("<p> 以太网遥控家电 </p>");
        client.print("<table border=1 align=center width=75%
height=50%>");
        client.print("<tr>");                              // 换行显示。
    // 客厅灯控制
        client.print("<th colspan=2 bgcolor=red> 客厅灯 </th>");
        client.print("</tr>");
        client.print("<tr>");                              // 换行显示。
        client.print("<td>");
        client.print("<form method=get>");     // 使用 GET 方法发送窗体。
        client.print("<input type=hidden name=L value=0>");
        client.print("<input type=submit value= 打开 ON>");
        client.print("</form>");
        client.print("</td>");
        client.print("<td>");
        client.print("<form method=get>");
        client.print("<input type=hidden name=L value=1>");
        client.print("<input type=submit value= 关闭 OFF>");
        client.print("</form>");
        client.print("</td>");
        client.print("</tr>");
        client.print("<tr>");                              // 换行显示。
    // 玄关灯控制
        client.print("<th colspan=2 bgcolor=orange> 玄关灯 </th>");
        client.print("</tr>");
        client.print("<tr>");
        client.print("<td>");
        client.print("<form method=get>");
        client.print("<input type=hidden name=L value=2>");
        client.print("<input type=submit value= 打开 ON>");
        client.print("</form>");
        client.print("</td>");
        client.print("<td>");
        client.print("<form method=get>");
        client.print("<input type=hidden name=L value=3>");
        client.print("<input type=submit value= 关闭 OFF>");
        client.print("</form>");
        client.print("</td>");
        client.print("</tr>");                              // 换行显示。
        client.print("<tr>");
    // 卧室灯控制
        client.print("<th colspan=2 bgcolor=brown> 卧室灯 </th>");
```

```
        client.print("</tr>");
        client.print("<tr>");                    // 换行显示。
        client.print("<td>");
        client.print("<form method=get>");
        client.print("<input type=hidden name=L value=4>");
        client.print("<input type=submit value=打开 ON>");
        client.print("</form>");
        client.print("</td>");
        client.print("<td>");
        client.print("<form method=get>");
        client.print("<input type=hidden name=L value=5>");
        client.print("<input type=submit value=关闭 OFF>");
        client.print("</form>");
        client.print("</td>");
        client.print("</tr>");
        client.print("<tr>");                    // 换行显示。
// 书房灯控制
        client.print("<th colspan=2 bgcolor=green> 书房灯 </th>");
        client.print("</tr>");
        client.print("<tr>");
        client.print("<td>");
        client.print("<form method=get>");
        client.print("<input type=hidden name=L value=6>");
        client.print("<input type=submit value=打开 ON>");
        client.print("</form>");
        client.print("</td>");
        client.print("<td>");
        client.print("<form method=get>");
        client.print("<input type=hidden name=L value=7>");
        client.print("<input type=submit value=关闭 OFF>");
        client.print("</form>");
        client.print("</td>");
        client.print("</tr>");
        client.print("</table>");
        client.print("</body></html>");
        while (client.connected())    // 客户端已连接服务器?
        {
                if(client.available())        // 客户端已发出请求?
                {
                        char c = client.read();        // 读取客户端请求。
                        readString.concat(c);      // 读取 GET /?x
                        if (c == '\n')
                        {
```

```
            if (readString.substring(8,9) == "0")
                    digitalWrite(led0,HIGH);
            else if (readString.substring(8,9) == "1")
                    digitalWrite(led0,LOW);
            else if (readString.substring(8,9) == "2")
                    digitalWrite(led1,HIGH);
            else if (readString.substring(8,9) == "3")
                    digitalWrite(led1,LOW);
            else if (readString.substring(8,9) == "4")
                    digitalWrite(led2,HIGH);
            else if (readString.substring(8,9) == "5")
                    digitalWrite(led2,LOW);
            else if (readString.substring(8,9) == "6")
                    digitalWrite(led3,HIGH);
            else if (readString.substring(8,9) == "7")
                    digitalWrite(led3,LOW);
            readString=" ";
            client.stop();
            }
        }
      }
    }
}
```

12-4　认识 Wi-Fi 模块

图 12-9 所示为 Wi-Fi 模块，图 12-9(a) 所示为 Arduino 官方所开发设计的 Wi-Fi 扩展板，图 12-9(b) 所示为 Linksprite 公司所开发设计的兼容 Wi-Fi 扩展板。

(a) Arduino 官方 Wi-Fi 扩展板

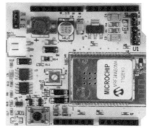

(b) Linksprite 兼容 Wi-Fi 扩展板

图 12-9　Wi-Fi 模块

12-4-1 官方 Wi-Fi 扩展板

图 12-9(a) 所示为 Arduino 官方 Wi-Fi 扩展板，兼容于 Arduino Mega 板和 UNO 板。以 HDG204 芯片为核心，支持 mini SD 卡的读写，可以用来存储网页和数据。先将 Arduino 官方 Wi-Fi 扩展板连接到 Arduino UNO 板上，由 Arduino 控制板供电给 Wi-Fi 扩展板。再使用 Arduino 官方 WiFi 链接库通过无线网络协议 802.11b/g 与路由器或集线器连接上网，就可实现一个简单的 Web 服务器，通过网络读写 Arduino 板的数字和模拟接口，以实现网络远程控制的目的。

Arduino 官方 Wi-Fi 扩展板的工作频段为 2.4GHz，工作电压为 5V，加密类型使用 WEP/ WPA2，以 SPI 接口与 Arduino 建立通信，因此数字引脚 10、11、12、13 必须空下来不能使用。Wi-Fi 扩展板内建 mini SD 卡插槽，使用 Arduino 数字引脚 4 作为 mini SD 卡的 SS（线选）引脚，不能再用于其他用途。

12-4-2 兼容 Wi-Fi 扩展板

图 12-9(b) 所示为 LinkSprite 兼容 Wi-Fi 扩展板，兼容于 Arduino Duemilanove 板和 UNO 板，以 Microchip 公司生产制造的 MRF24WB0MA 芯片为核心，内建 16Mbit 串行闪存 EEPROM，可以用来存储网页和数据。先将 LinkSprite 兼容 Wi-Fi 扩展板连接到 Arduino UNO 板，由 Arduino 控制板供电给 Wi-Fi 扩展板。再使用 WiShield 链接库通过无线网络协议 802.11b 与路由器或集线器连接上网，就可以实现一个简单的 Web 服务器，通过网络来读写 Arduino 板的数字和模拟接口，以实现网络远程控制的目的。

Linksprite 兼容 Wi-Fi 扩展板的工作频段为 2.4GHz，工作电压为 3.3V，250mA 低电流待机模式，传输电流为 230mA，接收电流为 85mA，最大通信范围为 400 米。Linksprite 兼容 Wi-Fi 扩展板的加密类型为 WEP/WPA/WPA2，以 SPI 接口与 Arduino 建立通信，最大传输速率为 25Mbps，因此数字引脚 10、11、12、13 必须空下来不能使用。每个 Linksprite 兼容 Wi-Fi 扩展板，市场售价约 400 元。

12-4-3 下载 WiShield 函数库

本章使用 Linksprite 兼容 Wi-Fi 扩展板，可进入图 12-10 所示的网址 https://github.com/linksprite/WiShield 下载函数库。

进入该网页后，单击网页右下角的 ⊕ Download ZIP 按钮，下载压缩文件 WiShield-master.ZIP。下载完成后，将其解压缩并存放于 Arduino/libraries 目录下。本章将 WiShield-master 文件夹更名为 WiShield 文件夹，阅读较为简洁。

图 12-10　下载 WiShield 函数库的页面

12-5　认识 Wi-Fi 遥控自动机器人

所谓 Wi-Fi 遥控自动机器人，是指以无线 Wi-Fi 连接上网，再通过客户端控制网页，来遥控自动机器人执行前进、后退、右转、左转及停止等行走动作。如表 12-4 所示为 Wi-Fi 遥控自动机器人行走的控制策略。

表 12-4　Wi-Fi 遥控自动机器人行走的控制策略

按钮	控制策略	左轮	右轮
前进	前进	反转	正转
后退	后退	正转	反转
右转	右转	反转	停止
左转	左转	停止	正转
停止	停止	停止	停止

12-6　制作 Wi-Fi 遥控自动机器人

图 12-11 所示为 Wi-Fi 遥控自动机器人的电路接线图，包含 Wi-Fi 扩展板、Arduino 控制板、马达驱动模块、马达部件和电源电路 5 个部分。

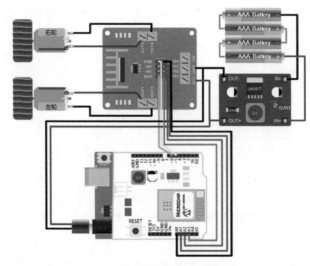

图 12-11　Wi-Fi 遥控自动机器人

1. Wi-Fi 扩展板

　　将 Wi-Fi 扩展板与 Arduino 控制板先行组合，由 Arduino 控制板供应电源给 Wi-Fi 扩展板。Wi-Fi 扩展板使用 SPI 接口与 Arduino 控制板进行通信，因此 Arduino 控制板的数字引脚 10~13 不可再用于其他用途。

2. Arduino 控制板

　　Arduino 控制板为控制中心，检测 Wi-Fi 扩展板所接收到客户端所提交的命令请求，并且按命令请求内容控制自动机器人执行前进、后退、右转、左转和停止等行走动作。

3. 马达驱动模块

　　马达驱动模块使用 L298 驱动芯片来控制两组减速直流马达，其中 IN1、IN2 输入信号控制左轮转向，而 IN3、IN4 输入信号控制右轮转向。另外，Arduino 控制板输出两组 PWM 信号连接到 ENA 和 ENB，分别控制左轮和右轮的转速。因为马达有最小的启动扭矩电压，所输出的 PWM 信号平均值不可太小，以免无法驱动马达转动。PWM 信号只能微调马达转速，如果需要较低的转速，可改用较大减速比的减速直流马达。

4. 马达部件

　　马达部件包含两组 300rpm/min（测试条件为 6V）的金属减速直流马达、两个固定座、两个 D 型接头 43mm 橡皮车轮和一个万向轮，橡皮材质的轮子比塑料材质的轮子摩擦力大而且易于控制。

5. 电源电路

电源模块包含 4 个 1.5V 一次性电池或 4 个 1.2V 充电电池及 DC-DC 升压模块，调整 DC-DC 升压模块中的 SVR1 可变电阻，使输出升压至 9V，再将其连接到 Arduino 控制板和马达驱动模块。如果使用的是两个 3.7V 的 18650 锂电池，就不需要再使用 DC-DC 升压模块了，每个容量 3000mAh 的 18650 锂电池的售价约 50 元。

□ 功能说明：

在 Internet Explorer/Google Chrome 浏览器中输入 Wi-Fi 扩展板所使用的私有 IP 地址，本例为 http://192.168.0.170。打开如图 12-12 所示的 Wi-Fi 遥控自动机器人控制界面。当按 前进 按钮时，自动机器人向前行走。当按 后退 按钮时，自动机器人后退。同理，当按 右转 按钮时，自动机器人右转。当按 左转 按钮，自动机器人左转。当按 停止 按钮，自动机器人就停止行走。

图 12-12　Wi-Fi 遥控自动机器人的客户端控制网页

在上传程序到 Arduino 控制板之前，必须先设置 arduino 文件夹 libraries/WiShield/ 中的头文件 apps-conf.h 中的内容，才能顺利将程序代码上传。打开头文件 apps-conf.h，并且找到如下程序片段，将 define APP_WISERVER 前面的注释符号 "//" 删除，并将其余各项前面均加上注释符号 "//"。

文件：apps-conf.h

内容：
```
//#define APP_WEBSERVER
//#define APP_WEBCLIENT
//#define APP_SOCKAPP
//#define APP_UDPAPP
#define APP_WISERVER
```

程序：ch12-2.ino

```
#include <WiServer.h>        // 使用 WiServer 函数库。
#define WIRELESS_MODE_INFRA 1        // 无线模式 infrastructure 代码为 1。
#define WIRELESS_MODE_ADHOC 2        // 无线模式 adhoc 代码为 2。
const int negR=14; // 右轮马达负极。
const int posR=15; // 右轮马达正极。
const int negL=16; // 左轮马达负极。
const int posL=17; // 左轮马达正极。
const int pwmR=5;  // 右轮转速控制。
const int pwmL=6;  // 左轮转速控制。
const int Rspeed=200;        // 右轮转速初值。
const int Lspeed=200;        // 左轮转速初值。
unsigned char local_ip[]={192,168,0,170};        //Wi-Fi 扩展板 IP 地址。
unsigned char gateway_ip[]={192,168,0,1};        // 服务器 IP 地址。
unsigned char subnet_mask[]={255,255,255,0};     // 子网掩码。
// 输入您的无线网络名称
const prog_char ssid[] PROGMEM={ "D-Link_DIR-809" };
unsigned char security_type = 2; //0-open;1-WEP;2-WPA;3-WPA2。
// 输入您的无线网络密码
const prog_char security_passphrase[] PROGMEM = { "1234567890" };
//WEP 加密：最大 128 位。
prog_uchar wep_keys[] PROGMEM
={0x01,0x02,0x03,0x04,0x05,0x06,0x07,0x08,0x09,0x00,0x00,0x00,0x00,
//Key
0x00,0x00,0x00,0x00,0x00,0x00,0x00,0x00,0x00,0x00,0x00,0x00,0x00,
//Key1
0x00,0x00,0x00,0x00,0x00,0x00,0x00,0x00,0x00,0x00,0x00,0x00,0x00,
//Key2
0x00,0x00,0x00,0x00,0x00,0x00,0x00,0x00,0x00,0x00,0x00,0x00,0x00 };
//Key3
// 设置无线模式连接到 AP(infrastructure)
unsigned char wireless_mode = WIRELESS_MODE_INFRA;
unsigned char ssid_len;        //ssid 长度。
unsigned char security_passphrase_len;   //WPA/WPA2 加密长度。
boolean sendPage();        // 自动机器人行走方向的判断。
boolean mainPage();        // 服务网页。
// 设置初值
void setup()
{
    pinMode(posR,OUTPUT);        // 设置数字引脚 14 为输出引脚。
    pinMode(negR,OUTPUT);        // 设置数字引脚 15 为输出引脚。
    pinMode(posL,OUTPUT);        // 设置数字引脚 16 为输出引脚。
    pinMode(negL,OUTPUT);        // 设置数字引脚 17 为输出引脚。
    pinMode(pwmR,OUTPUT);        // 设置数字引脚 5 为输出引脚。
    pinMode(pwmL,OUTPUT);        // 设置数字引脚 6 为输出引脚。
    Serial.begin(9600);
```

```
    WiServer.init(sendPage);              // 使用 sendPage 函数为服务网页。
    WiServer.enableVerboseMode(true);     // 启用。
}
// 主循环
void loop()
{
    WiServer.server_task();               // 执行 WiServer。
    delay(1);                             // 延迟 1ms。
}
// 自动机器人运行控制函数
boolean sendPage(char* URL)
{
    if (strcmp(URL, "/") == 0)            // 请求网址 URL 含 "/" 字符串？
    {
        mainPage();                       // 执行 mainPage() 函数。
        return true;
    }
    else
    {
        if ((URL[1] == '?') && (URL[2] =='X') && (URL[3] =='='))
        {
            switch(URL[4])
            {
                case 'F':      //URL 包含 "?X=F" 字符串？
                forward(Rspeed,Lspeed);  // 自动机器人向前行走。
                break;
                case 'B':              //URL 包含 "?X=B" 字符串？
                back(Rspeed,Lspeed);   // 自动机器人后退。
                break;
                case 'R':              //URL 包含 "?X=R" 字符串？
                right(Rspeed,Lspeed);  // 自动机器人右转。
                break;
                case 'L':              //URL 包含 "?X=L" 字符串？
                left(Rspeed,Lspeed);   // 自动机器人左转。
                break;
                case 'S':              //URL 包含 "?X=S" 字符串？
                pause(Rspeed,Lspeed);  // 自动机器人停止行走。
                break;
            }
            mainPage();
            return true;
        }
    }
```

```
}
// 客户端网页
boolean mainPage()          // 服务网页。
{
    WiServer.print("<html>");                    //html 语言。
    WiServer.print("<head>");
        WiServer.print("<meta http-equiv=content-type content=text/
html; charset=UTF-8>");
    WiServer.print("<style>");
    WiServer.print("p{text-align:center;font-size:80px}");
        WiServer.print("input{margin:20px;padding:50px;font-
size:60px}");
    WiServer.print("</style>");
    WiServer.print("</head>");
    WiServer.print("<body>");
    WiServer.print("<p>Wifi 遥控自动机器人 </p>");
    WiServer.print("<table border=0 align=center>");
    WiServer.print("<tr>");                      // 换行。
    WiServer.print("<th></th>");                     // 空白单元格。
    WiServer.print("<th>");                      // 单元格显示 "前进"。
    WiServer.print("<form method=get>");
    WiServer.print("<input type=hidden name=X value=F>");
    WiServer.print("<input type=submit value= 前进 >");
    WiServer.print("</form>");
    WiServer.print("</th>");
    WiServer.print("<th></th>");
    WiServer.print("</tr>");
    WiServer.print("<br>");
    WiServer.print("<tr>");                      // 换行。
    WiServer.print("<th>");                      // 单元格显示 "左转"。
    WiServer.print("<form method=get>");
    WiServer.print("<input type=hidden name=X value=L>");
    WiServer.print("<input type=submit value= 左转 >");
    WiServer.print("</form>");
    WiServer.print("</th>");
    WiServer.print("<th>");                      // 单元格显示 "停止"。
    WiServer.print("<form method=get> ");
    WiServer.print("<input type=hidden name=X value=S>");
    WiServer.print("<input type=submit value= 停止 >");
    WiServer.print("</form>");
    WiServer.print("</th>");
    WiServer.print("<th>");                      // 单元格显示 "右转"。
    WiServer.print("<form method=get>");
```

```
        WiServer.print("<input type=hidden name=X value=R>");
        WiServer.print("<input type=submit value= 右转 >");
        WiServer.print("</form>");
        WiServer.print("</th>");
        WiServer.print("</tr>");
        WiServer.print("<br>");
        WiServer.print("<tr>");                      // 换行。
        WiServer.print("<th></th>");                    // 空白单元格。
        WiServer.print("<th>");                  // 单元格显示 "后退"。
        WiServer.print("<form method=get>");
        WiServer.print("<input type=hidden name=X value=B>");
        WiServer.print("<input type=submit value= 后退 >");
        WiServer.print("</form>");
        WiServer.print("</th>");
        WiServer.print("<th></th>");
        WiServer.print("</tr>");
        WiServer.print("</table>");
        WiServer.print("</body></html>");
        return true;
}
// 前进函数
void forward(byte RmotorSpeed, byte LmotorSpeed)
{
        analogWrite(pwmR,RmotorSpeed);
        analogWrite(pwmL,LmotorSpeed);
        digitalWrite(posR,HIGH);
        digitalWrite(negR,LOW);
        digitalWrite(posL,LOW);
        digitalWrite(negL,HIGH);
}
// 后退函数
void back(byte RmotorSpeed, byte LmotorSpeed)
{
        analogWrite(pwmR,RmotorSpeed);
        analogWrite(pwmL,LmotorSpeed);
        digitalWrite(posR,LOW);
        digitalWrite(negR,HIGH);
        digitalWrite(posL,HIGH);
        digitalWrite(negL,LOW);
}
// 右转函数
void right(byte RmotorSpeed, byte LmotorSpeed)
{
```

```
    analogWrite(pwmR,RmotorSpeed);
    analogWrite(pwmL,LmotorSpeed);
    digitalWrite(posR,LOW);
    digitalWrite(negR,LOW);
    digitalWrite(posL,LOW);
    digitalWrite(negL,HIGH);
}
// 左转函数
void left(byte RmotorSpeed, byte LmotorSpeed)
{
    analogWrite(pwmR,RmotorSpeed);
    analogWrite(pwmL,LmotorSpeed);
    digitalWrite(posR,HIGH);
    digitalWrite(negR,LOW);
    digitalWrite(posL,LOW);
    digitalWrite(negL,LOW);
}
// 停止函数
void pause(byte RmotorSpeed, byte LmotorSpeed)
{
    analogWrite(pwmR,RmotorSpeed);
    analogWrite(pwmL,LmotorSpeed);
    digitalWrite(posR,LOW);
    digitalWrite(negR,LOW);
    digitalWrite(posL,LOW);
    digitalWrite(negL,LOW);
}
```

1. 设计 Arduino 程序，使用 Wi-Fi 网络连接控制含车灯的 Wi-Fi 遥控自动机器人，4 个车灯 Fled、Bled、Rled 及 Lled 分别连接到 Arduino 控制板的数字引脚 7、8、18、19。当自动机器人前进时，Fled 亮；当自动机器人后退时，Bled 亮；当自动机器人右转时，Rled 亮；当自动机器人左转时，Lled 亮。

2. 设计 Arduino 程序，使用 Wi-Fi 网络连接控制含车灯的 Wi-Fi 遥控自动机器人，两个车灯 Rled 和 Lled 分别连接到 Arduino 控制板的数字引脚 7 和 8。当自动机器人前进时，Rled 和 Lled 同时亮；当自动机器人右转时，Rled 亮；当自动机器人左转时，Lled 亮；当自动机器人后退时，Rled 和 Lled 均不亮。

如何建立可以连上因特网的私有IP?

到目前为止，我们所完成的"以太网家电控制电路"和"Wi-Fi 遥控自动机器人"都只能运行在家中同一个局域网上。如果要让因特网上的所有人都可以连网到"以太网家电控制电路"或"Wi-Fi 遥控自动机器人"，就必须在路由器中安排一个通信端口（Port），转递从因特网传入的信息，再送到以太网扩展板或 Wi-Fi 扩展板，这样才能控制家电或自动机器人。

以笔者所使用的路由器 D-Link DIR-809 为例，第一步是在 IE/Google Chrome 等浏览器中输入网址 192.168.0.1，进入如图 12-13 所示的"网络管理页面"。第二步是在该页面中找到"虚拟服务器规则"页面，设置应用程序名称为"HTTP"、计算机名称为 Wi-Fi 扩展板所使用的私有 IP 地址"192.168.0.170"，并且指定公共端口为 80（或其他端口）以及私用端口为 80（或其他端口）。一旦设置完成，只要是通过因特网连接到路由器的公网 IP 地址，就会被转接到 Wi-Fi 模块的私有 IP 地址。

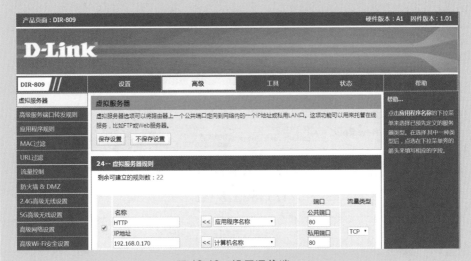

图 12-13　设置通信端口

虚拟服务器（Virtual Server）又称为虚拟主机（Virtual Host），是一种可以让多个主机名在单一服务器上运行的网络技术。虚拟服务器不仅可以用来存放我们的网页资料，也可以用来作为 Internet 服务器，提供 WWW、FTP、Email 等服务。一个虚拟主机架设的网站数量越多，就会有更多人共享同一台服务器，但相对 CPU、内存等资源就比较吃紧。

在虚拟服务器中可以利用不同的 Port 端号来区别不同的服务，借此快速建立多个虚拟主机。Port 端口号如同一个虚拟插孔，不同的插孔有不同的功能，常用虚拟主机名如 HTTP 使用端口号 80、FTP 使用端口号 21、telnet 使用端口号 23、SMTP 使用端口号 25、POP3 使用端口号 110、DNS 使用端口号 53。

如何得知自己的公网 IP 地址？

多数家庭的路由器都是使用动态 IP 地址，我们要如何得知当前所使用的公网 IP 地址呢？只要如图 12-14 所示在 IE/Google Chrome 等浏览器中输入网址 http://www.whatismyip.com/，就可以得知自己当前所使用的公网 IP 地址。

当我们要从因特网远程控制"以太网家电控制电路"或"Wi-Fi 遥控自动机器人"时，只要输入家中路由器的公网 IP 地址，在后面加上冒号后，紧接着输入虚拟服务器的公共端口号即可连接，输入格式为 http:// 公网 IP 地址 : 公共端口号，本例为 http://175.182.175.141:80。

图 12-14　检查当前所使用的 IP 地址

12-7　认识 ESP8266 Wi-Fi 模块

图 12-15(a) 所示为 ESP8266 Wi-Fi 模块，由深圳安信可科技所生产制造的 ESP-01 模块，下面简称为 ESP8266 模块。核心芯片 ESP8266 是由深圳乐鑫（Espressif）信息科技所开发和设计的，内建低功耗 32bit 微控制器，具备 UART、I2C、PWM、GPIO 及 ADC 等功能，可应用于家庭自动化、远程控制、远程监控、穿戴电子产品、安全 ID 标签和物联网等。ESP8266 芯片没有内置的存储器来存储固件，必须外接存储器，图 12-15(b) 所示为引脚图，使用一个 8Mbits 串行闪存 25Q80，具有 8Mbits 即 1MB 的容量。ESP8266 芯片可以使用的振荡频率范围在 26MHz~52MHz 之间，ESP8266 模块使用 26MHz 石英晶体振荡器作为计时时钟。

(a) 模块外观

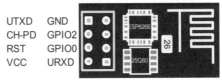

(b) 引脚图

图 12-15 ESP8266 Wi-Fi 模块

ESP8266 模块是一个体积小、功能强、价位低的 Wi-Fi 模块，每个不到 20 元，工作电压为 3.3V，内部没有稳压芯片，所以不可以直接连上 5V 电压，以免烧毁 ESP8266 芯片。在睡眠模式下的消耗电流小于 12mA，在工作模式下正常操作消耗电流为 80mA，最大消耗电流为 360mA。

ESP8266 模块使用 2.4GHz 的工作频段，内建 TCP/IP 协议栈（protocol stack），在空旷地方传输距离可达 400 米。支持 802.11b/g/n 无线网络协议和 WPA/WPA2 加密模式，支持 Wi-Fi 直连（Wi-Fi Direct，P2P），或者设置成为无线接入点（Access Point，AP）。在 P2P 模式下，可以设置成为服务器（Server）等候客户端（Client）连接，或者设置成为客户端连接到其他服务器。

表 12-5 所示为 ESP8266 模块的主要引脚的功能说明，以串口与 Arduino 建立通信，通常会使用 SoftwareSerial 函数库建立一个软件串口，以避免与硬件串口冲突。在使用 ESP8266 模块时，必须将模块的 VCC 引脚和 CH_PD 引脚连接 3.3V 电源，串口 UTXD 引脚连接 Arduino 板的 RX 引脚、URXD 引脚连接 Arduino 板的 TX 引脚，模块的 GND 引脚连接 Arduino 板的 GND 引脚，才能连接上网。

表 12-5　ESP8266 模块的主要引脚的功能说明

模块引脚	功能说明
1	GND：电源接地
2	UTXD：ESP8266 串口发送引脚
3	GPIO2：一般 I/O 端口，内含提升电阻
4	CH_PD：芯片启用引脚，高电位操作
5	(1) GPIO0 内含提升电阻，当 GPIO0 在低电位时，模块工作在"固件更新"模式。 (2) 当 GPIO0 高电位或空接时，模块工作在"常规通信"模式
6	RST：重置引脚，低电位操作
7	URXD：ESP8266 串口接收引脚，含内部提升电阻
8	VCC：电源引脚，电压范围为 1.7V~3.6V，典型值为 3.3V

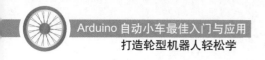

12-7-1 ESP8266 Wi-Fi 功能 AT 命令

表 12-6 所示为本书所使用 ESP8266 模块的常用 Wi-Fi 功能的 AT 命令说明，设置参数所使用的 AT 命令不区分字母大小写，而且都是以 "\r\n" 结束字符作为结尾，只要输入 AT 命令后再按 [Enter ↵] 键就可以产生结束字符。ESP8266 模块的 AT 指令集主要分为基础 AT 命令、WiFi AT 命令和 TCP/IP 工具箱 AT 命令 3 种。

表 12-6 ESP8266 模块的常用 Wi-Fi 功能的 AT 命令说明

AT 命令	响应	参数	功能说明
AT	OK	无	模块测试
AT+RST	OK	无	模块重置
AT+GMR	\<number\> OK	\<number\> AT、SDK 版本信息	查询版本信息
AT+CWMODE=\<mode\>	OK	\<mode\> 1:Station 模式 2:AP 模式 3:AP 兼 Station 模式	设置 WiFi 应用模式
AT+CWMODE?	+CWMODE:\<mode\> OK	同上	查询当前 WiFi 应用模式
AT+CWJAP= \<ssid\>,\<password\>	OK	\<ssid\> 字符串 连接 AP 的名称 \<password\> 字符串 连接 AP 的密码，最长 64 位，需要开启 Station 模式	设置所要连接的 AP
AT+CWJAP?	+CWJAP:\<ssid\> OK	同上	查询当前的 AP 选择
AT+CWQAP	OK	无	断开与 AP 的连接
AT+CIPMUX=\<mode\>	OK	\<mode\> 0: 单路连接模式 1: 多路连接模式	设置连接模式
AT+CIPMUX?	+CIPMUX:\<mode\> OK	同上	查询连接模式
AT+CIFSR	+CIFSR:\<IP 地址 \> +CIFSR:\<IP 地址 \> OK	第一行为 AP 的 IP 地址 第二行为 Station 的 IP 地址	获取本地 IP 地址

（续表）

AT 命令	响应	参数	功能说明
AT+CIPSERVER=<mode>,[<port>]	OK	<mode> 0: 关闭 server 模式 1: 开启 server 模式 <port> 端口号，默认值为 333	配置为服务器
AT+CIPSTART=<type>,<addr>,<port>	OK: 连接成功 ERROR: 失败 ALREADY CONNECT: 连接已经存在	<id> 0~4 连接的 id 号码 <type> 连接类型 TCP:TCP 连接 UDP:UDP 连接 <addr>IP 地址 <port> 端口号	建立 TCP 单路连接
AT+CIPSTART=<id>,<type>,<addr>,<port>	同上	同上	建立 TCP 多路连接
AT+CIPCLOSE	OK: 关闭 Link is not: 没有连接	无	关闭 TCP 单路连接
AT+CIPCLOSE=<id>	OK: 关闭 ERROR: 没有连接	<id> 需要关闭的连接	关闭 TCP 多路连接
AT+CIPSEND=<length>	SEND OK: 发送数据成功 ERROR: 发送数据失败	<length> 数 据 长 度，最大长度 2048bytes	单路连接发送数据
AT+CIPSEND=<id>,<length>	同上	<id> 0~4 连接的 id 号码 <length> 发送数据长度	多路连接发送数据
+IPD,<len>:<data>	当模块接收到网络的数据时，会向串口发出 +IPD 和数据	<len> 数据长度 <data> 收到的数据	单路连接接收的数据
+IPD,<id>,<len>:<data>	当模块接收到网络的数据时，会向串口发出 +IPD 和数据	<id> 连接的 id 号码 <len> 数据长度 <data> 收到的数据	多路连接接收的数据

12-7-2 设置 ESP8266 模块参数

图 12-16 所示为使用 Arduino IDE 设置 ESP8266 模块参数的电路接线图，在 Arduino 硬件中已经内建 USB 接口芯片，可以取代图 6-3 所示的 USB 转 TTL 连接线，将 USB 信号转换成 TTL 信号。另外，Arduino IDE 的"串口监视器"窗口也可以取代通信软件的使用。

　　ESP8266 的电流消耗最大可达 200~300mA，电源必须提供至少 300mA 以上的电流，才能确保 ESP8266 的稳定运行。Arduino UNO 板的 3.3V 输出电流只有 50mA，对于 ESP8266 在"常规通信"的 AT 命令模式所需的电流是足够的。但如果在"固件更新"模式，ESP8266 消耗的电流更大，因此我们不能继续用 Arduino 作为电源，必须使用可以提供更大电流的 3.3V 电源。

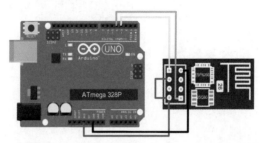

图 12-16　使用 Arduino IDE 设置 ESP8266 模块参数的电路接线图

1. 软件程序

程序：ch12-3.ino

```
范例：
#include <SoftwareSerial.h>// 使用 SoftwareSerial.h 函数库。
SoftwareSerial ESP8266 (3,4); // 设置 RX( 数字引脚 3)、TX( 数字引脚 4)。
void setup()                    // 设置初值、参数。
{
  Serial.begin(9600);           // 设置串口速率为 9600bps。
  ESP8266.begin(9600);
            // 设置 ESP8266 模块速率为 9600bps。
}
void loop()                             // 主循环。
{
  if(ESP8266.available())
          //ESP8266 模块接收到数据？
    Serial.write(ESP8266.read()); // 读取并显示于 Arduino"串口监视器"窗口中。
  else if(Serial.available())           //Arduino 接收到数据？
    ESP8266.write(Serial.read()); // 将数据写入 ESP8266 模块中。
}
```

2. 测试 ESP8266 模块

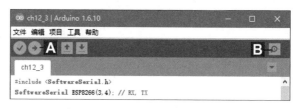

STEP 1

A. 打开 CH12-3.ino 并上传至 Arduino UNO 板中。

B. 打开"串口监视器"窗口。

上述步骤如图 12-17 所示。

图 12-17 打开范例程序上传至 Arduino UNO 板，再打开"串口监视器"窗口

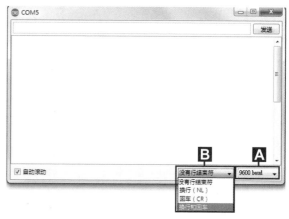

STEP 2

A. 新版 ESP8266 模块的通信速率出厂默认为 9600bps。因此，必须设置 Arduino 板的通信速率为 9600bps。

B. 将"没有行结束符"改为"换行和回车"，才能执行 AT 命令。

上述步骤如图 12-18 所示。

图 12-18 设置匹配的通信速率和可以执行 AT 命令的"换行和回车"

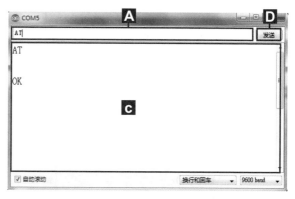

STEP 3

A. 在"发送"窗口中输入"AT"命令。

B. 单击 发送 按钮或者按键盘上的 Enter ↵ 键，将命令发送至 ESP8266 模块。

C. 如果 ESP8266 模块已经正确连接，在"接收"窗口中会返回"OK"信息。

上述步骤如图 12-19 所示。

图 12-19 发送 AT 命令，看到响应信息

3. 重置 ESP8266 模块

STEP 1

A. 在"发送"窗口中输入"AT+RST"命令，重置 ESP8266 模块。

B. 单击 [发送] 按钮或者按键盘上的 [Enter↵] 键，将命令发送至 ESP8266 模块。

C. 如果设置成功，在"接收"窗口中会返回"OK"信息。

上述步骤如图 12-20 所示。

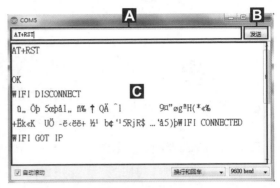

图 12-20　发送 AT+RST 命令来重置 ESP8266 模块

4. 查询 ESP8266 版本号

STEP 1

A. 在"发送"窗口中输入"AT+GMR"命令。

B. 单击 [发送] 按钮或者按键盘上的 [Enter↵] 键，将命令发送至 ESP8266 模块。

C. 若 ESP8266 模块接收到命令，则会返回版本号和"OK"信息。

上述步骤如图 12-21 所示。

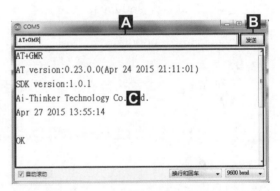

图 12-21　发送 AT+GMR 命令来查看 ESP826 模块的版本号

5. 选择 Wi-Fi 应用模式

STEP 1

A. 在"发送"窗口中输入"AT+CWMODE=1"命令，设置 Wi-Fi 为 Station 模式。

B. 单击 [发送] 按钮或者按键盘上的 [Enter↵] 键，将命令发送至 ESP8266 模块。

C. 若设置成功，则返回"OK"信息。

上述步骤如图 12-22 所示。

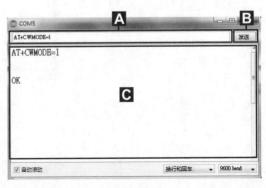

图 12-22　用 AT 命令把 Wi-Fi 设为 Station 模式

6. 查询 Wi-Fi 应用模式

STEP 1

A. 在〝发送〞窗口中输入〝AT+CWMODE?〞命令，查询 Wi-Fi 应用模式。

B. 单击 发送 按钮或者按键盘上的 Enter ↵ 键，将命令发送至 ESP8266 模块。

C. 若查询成功，则返回应用模式和〝OK〞信息。

上述步骤如图 12-23 所示。

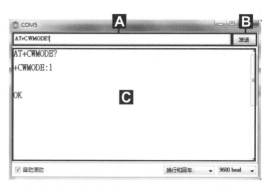

图 12-23　用 AT 命令来查询 Wi-Fi 应用模式

7. 加入 AP

STEP 1

A. 在〝发送〞窗口中输入 AT+CWJAP＝〝SSID〞，〝PASSWORD〞命令，加入 AP。

B. 单击 发送 按钮或者按键盘上的 Enter ↵ 键，将命令发送至 ESP8266 模块。

C. 若加入 AP 成功，则返回〝OK〞信息。

上述步骤如图 12-24 所示。

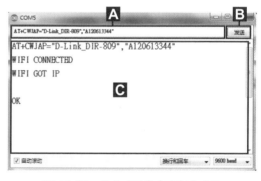

图 12-24　输入 AT 命令来加入 AP

12-8　认识 ESP8266 Wi-Fi 遥控自动机器人

所谓 ESP8266 Wi-Fi 遥控自动机器人，是指使用 ESP8266 模块无线连接上网，再通过手机 Wi-Fi 遥控 App 程序来遥控自动机器人执行前进、后退、右转、左转及停止等行走动作。表 12-7 所示为 ESP8266 Wi-Fi 遥控自动机器人行走的控制策略。

表 12-7　ESP8266 Wi-Fi 遥控自动机器人行走的控制策略

按钮	控制策略	左轮	右轮
前进	前进	反转	正转
后退	后退	正转	反转
右转	右转	反转	停止
左转	左转	停止	正转
停止	停止	停止	停止

12-9 制作 ESP8266 Wi-Fi 遥控自动机器人

　　ESP8266 Wi-Fi 遥控自动机器人包含手机 Wi-Fi 遥控 App 程序和 ESP8266 Wi-Fi 遥控自动机器人电路两个部分，其中手机 Wi-Fi 遥控 App 程序使用 App Inventor 2 完成，而 Wi-Fi 遥控自动机器人电路主要使用 Arduino UNO 板和 ESP8266 模块来组装和搭建。

12-9-1 手机 Wi-Fi 遥控 App 程序

　　图 12-25 所示为手机 Wi-Fi 遥控 App 程序，使用 Android 手机中的二维码扫描软件（如 QuickMark 等）扫描如图 12-25(a) 所示的手机 Wi-Fi 遥控 App 程序安装程序对应的二维码，下载和安装完成后即可启动如图 12-25(b) 所示的手机 Wi-Fi 控制界面。手机 Wi-Fi 遥控 App 程序的项目文件为本书提供的下载文件夹中的 /ino/ WiFicar.aia。

(a) 二维码

(b) 手机 Wi-Fi 控制界面

图 12-25　手机 Wi-Fi 遥控 App 程序

□ **功能说明：**

启动程序，可以看到如图 12-25(b) 所示的手机 Wi-Fi 控制界面，如果是在局域网环境下，只须输入私有 IP 地址，不需要输入 Port 端口号，即可用手机 Wi-Fi 遥控自动机器人执行前进、后退、右转、左转及停止等行走动作。如果是在因特网环境下，那么必须输入公网 IP 地址和 Port 端口号才能连接进行远程控制。请参考 12-6 节"如何建立可以连上因特网的私用 IP ？"和"如何得知自己的公网 IP 地址？"的说明。

当按 前进 按钮时，自动机器人向前行走。当按 后退 按钮时，自动机器人后退。当按 右转 按钮时，自动机器人右转。当按 左转 按钮时，自动机器人左转。当按 停止 按钮时，自动机器人就停止行走。

获取 ESP8266 模块所使用的私有 IP

STEP 1

A. 打开 CH12-4.ino，更改自己的网络连接名称 SSID 和网络连接密码 PASSWORD。

B. 上传至 Arduino UNO 板中。

C. 打开"串口监视器"窗口，开始重置并建立 ESP8266 模块的 Wi-Fi 连接。

上述步骤如图 12-26 所示。

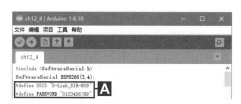

图 12-26　打开 CH12-4.ino 程序、上传，再打开"串口监视器"窗口

STEP 2

A. 重置 ESP8266 模块。

B. 选择 Station 模式，并等待加入 AP。

C. 获取私有 IP 地址，本例为 192.168.0.105。

D. 设置多路连接模式。

E. 设置 ESP8266 模块为 SEVER 模式，并且使用端口号 80。

F. 建立 TCP/IP 连接。

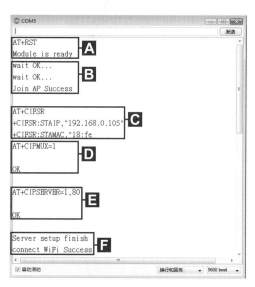

图 12-27　步骤 A-F

G. 获取私有 IP 地址后，在浏览器中输入路由器的服务器地址 192.168.0.1，进入 "虚拟服务器规则" 页面中的虚拟服务器。设置好 "IP 地址" 和 "公共端口" 之后，才能使用网络连接 ESP8266 模块，然后远程遥控自动小车执行前进、后退、右转、左转和停止等行走动作。

图 12-28　步骤 G

上述步骤如图 12-27 和图 12-28 所示。

手机 Wi-Fi 遥控 App 程序拼图

程序：WiFicar.aia

1. 按 前进 按钮，自动机器人向前行走。

❶ 按 前进 按钮后的操作。

❷ 连接网址 http://ip 地址:port 端口号。

❸ 使用 GET 方法发送字符串 "/?X=F" 至指定的 IP 地址。

2. 按 后退 按钮，自动机器人后退。

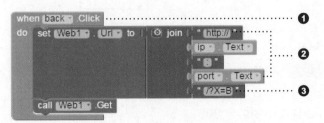

❶ 按 后退 按钮后的操作。

❷ 连接网址 http://ip 地址 :port 端口号。

❸ 使用 GET 方法发送字符串 "/?X=B" 至指定的 IP 地址。

3. 按 右转 按钮，自动机器人右转。

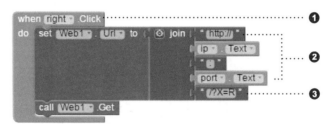

❶ 按 右转 按钮后的操作。

❷ 连接网址 http://ip 地址 :port 端口号。

❸ 使用 GET 方法发送字符串 "/?X=R" 至指定的 IP 地址。

4. 按 左转 按钮，自动机器人左转。

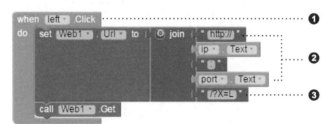

❶ 按 左转 按钮后的操作。

❷ 连接网址 http://ip 地址 :port 端口号。

❸ 使用 GET 方法发送字符串 "/?X=L" 至指定的 IP 地址。

5. 按 停止 按钮，自动机器人停止行走。

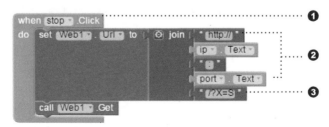

❶ 按 停止 按钮后的操作。

❷ 连接网址 http://ip 地址 :port 端口号。

❸ 使用 GET 方法发送字符串 "/?X=S" 至指定的 IP 地址。

6. 以 Web 组件通过 GET 方法读取源数据后，再使用 GotText 事件将指定的源数据返回。

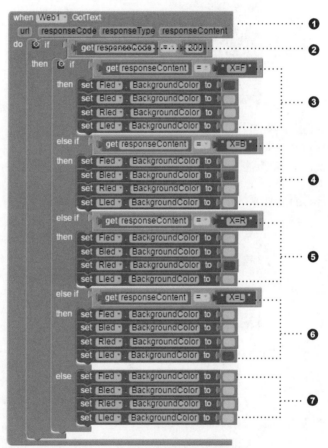

❶ 使用 GET 方法会触发 GotText 事件。

❷ 判断是否已成功获得数据。

❸ 所获得的返回数据是 "X=F"，自动机器人当前动作为向前行走，点亮前指示灯。

❹ 所获得的返回数据是 "X=B"，自动机器人当前动作为后退，点亮后指示灯。

❺ 所获得的返回数据是 "X=R"，自动机器人当前动作为右转，点亮右指示灯。

❻ 所获得的返回数据是 "X=L"，自动机器人当前动作为左转，点亮左指示灯。

❼ 所获得的返回数据是"X=S"，自动机器人当前动作为停止行走，关闭所有指示灯。

12-9-2 ESP8266 Wi-Fi 遥控自动机器人电路

图 12-29 所示为 Wi-Fi 遥控自动机器人的电路接线图，包含 ESP8266 模块、Arduino 控制板、马达驱动模块、马达部件和电源电路 5 个部分。

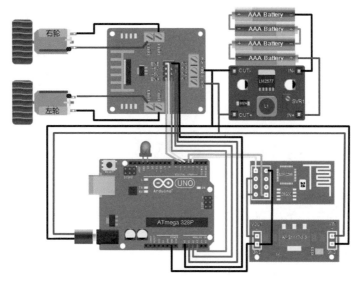

图 12-29　ESP8266 Wi-Fi 遥控自动机器人的电路接线图

1. ESP8266 模块

ESP-01 模块由 +3.3V 电源模块供应稳定足够的输出电流，使 ESP8266 可以正确地工作。另外，ESP8266 模块的 CH-PD 引脚必须连接到 3.3V 以启用 ESP8266 芯片。将 ESP8266 模块的 URXD 引脚连接到 Arduino 控制板的数字引脚 4（TXD），ESP8266 模块的 UTXD 引脚连接到 Arduino 控制板的数字引脚 3（RXD），引脚不可接错，否则无法连接上网。

2. Arduino 控制板

Arduino 控制板为控制中心，检测由手机 Wi-Fi 遥控 App 程序，通过无线 Wi-Fi 网络所传送的自动机器人控制码来驱动左、右两组减速直流马达，使自动机器人能够正确地行走。

3. 马达驱动模块

马达驱动模块使用 L298 驱动芯片来控制两组减速直流马达，其中 IN1、IN2 输入信号控制左轮转向，而 IN3、IN4 输入信号控制右轮转向。另外，Arduino 控制板输出两组 PWM 信号连接到 ENA 和 ENB，分别控制左轮和右轮的转速。因为马达有最小的启动扭矩电压，所输出的 PWM 信号平均值不可太小，以免无法驱动马达转动。PWM 信号只能微调马达转速，如果需要较低的转速，可改用较大减速比的减速直流马达。

4. 马达部件

马达部件包含两组 300rpm/min（测试条件为 6V）的金属减速直流马达、两个固定座、两个 D 型接头 43mm 橡皮车轮和一个万向轮，橡皮材质的轮子比塑料材质的轮子摩擦力大而且易于控制。

5. 电源电路

电源模块包含 4 个 1.5V 一次性电池或 4 个 1.2V 充电电池及 DC-DC 升压模块，调整 DC-DC 升压模块中的 SVR1 可变电阻，使输出升压至 9V，再将其连接到 Arduino 控制板和马达驱动模块以给它们供电。如果使用的是两个 3.7V 的 18650 锂电池，就不需要再使用 DC-DC 升压模块了。每个容量 2000mAh 的 1.2V 镍氢电池的售价约 18 元，每个容量 3000mAh 的 18650 锂电池的售价约 50 元。另外，使用如图 12-30 所示的 3.3V 电源模块将 DC-DC 升压模块输出的 9V 电源转换成 3.3V 电源后，为 ESP8266 Wi-Fi 模块供电。

(a) 模块外观　　　　　　　　　　　　　(b) 引脚图

图 12-30　3.3V 电源模块

3.3V 电源模块使用 AMS1117-3.3 电压调整芯片，可将 4.75V~12V 的直流输入转换成 3.3V 输出，最大输出电流 1A。3.3V 电源模块可以提供给 ESP8266 足够的电流，使其能正常工作。每个 3.3V 电源模块约 22 元。

☐ **功能说明：**

    Wi-Fi 遥控自动机器人的电路接收来自手机 Wi-Fi 遥控 App 程序所发送的控制码。当接收到前进控制码 "X=F" 时，自动机器人向前行走。当接收到后退控制码 "X=B"，自动机器人则后退。当接收到右转控制码 "X=R" 时，自动机器人右转。当接收到左转控制码 "X=L" 时，自动机器人左转。当接收到停止控制码 "X=S" 时，自动机器人就停止行走。

程序：ch12-4.ino

```
#include <SoftwareSerial.h>          // 使用 SoftwareSerial 函数库。
SoftwareSerial ESP8266(3,4);         // 数字引脚 3 为 RX，数字引脚 4 为 TX。
#define SSID "D-Link_DIR-809"        // 输入您的无线网络名称。
#define PASSWORD "0123456789"        // 输入您的无线网络密码。
const int WIFIled=13;                //ESP-01 模块连接状态指示灯。
const int negR=14;                   // 右轮马达负极。
const int posR=15;                   // 右轮马达正极。
const int negL=16;                   // 左轮马达负极。
const int posL=17;                   // 左轮马达正极。
const int pwmR=5;                    // 右转马达转速控制。
const int pwmL=6;                    // 左转马达转速控制。
const int Rspeed=200;                // 右轮马达转速初值。
const int Lspeed=200;                // 左轮马达转速初值。
boolean FAIL_8266 = false;           //ESP8266 连接状态。
int connectionId;                    // 多路连接 id。
// 设置初值
void setup()
{
    pinMode(posR,OUTPUT);            // 设置数字引脚 14 为输出引脚。
    pinMode(negR,OUTPUT);            // 设置数字引脚 15 为输出引脚。
    pinMode(posL,OUTPUT);            // 设置数字引脚 16 为输出引脚。
    pinMode(negL,OUTPUT);            // 设置数字引脚 17 为输出引脚。
    pinMode(pwmR,OUTPUT);            // 设置数字引脚 5 为输出引脚。
    pinMode(pwmL,OUTPUT);            // 设置数字引脚 6 为输出引脚。
    pinMode(WIFIled,OUTPUT);         // 设置数字引脚 13 为输出引脚。
    digitalWrite(WIFIled,LOW);       // 关闭 ESP8266 连接状态指示灯。
    Serial.begin(9600);             //Arduino 串口传输速率为 9600bps。
    ESP8266.begin(9600);            //ESP8266 串口传输速率为 9600bps。
    for(int i=0;i<3;i++)            // 连接状态指示灯闪烁 3 次。
    {
            digitalWrite(WIFIled,HIGH);
            delay(200);
            digitalWrite(WIFIled,LOW);
```

```
                delay(200);
        }
    do
    {
                ESP8266.println("AT+RST");    // 初始化 ESP8266。
                Serial.println("AT+RST");
                delay(1000);                  // 延迟 1 秒。
                if(ESP8266.find("OK")) // 初始化 ESP8266 成功？
                {
                Serial.println("Module is ready");   // 响应消息。
                if(connectWiFi(10))            // 建立 Wi-Fi 连接。
                {                              // 连接成功。
                        Serial.println("connect WiFi Success");
                        FAIL_8266=false;
                }
                else                     // 连接失败。
                {
                        Serial.println("connect WiFi Fail");
                        FAIL_8266=true;
                }
                }
                else                     // 初始化 ESP8266 失败。
                {
                Serial.println("Module have no response.");
                delay(500);
                FAIL_8266=true;
                }
    }while(FAIL_8266);             // 连接失败，再试一次。
    digitalWrite(WIFIled,HIGH);    // 连接成功，点亮连接指示灯。
}
// 主循环
void loop()
{
    if(ESP8266.available())           //ESP8266 发送数据？
    {
                Serial.println("Something received");// 提示信息。
                if(ESP8266.find("+IPD,"))//ESP8266 接收到网络数据？
                {
                String action;               // 响应消息。
                Serial.println("+IPD, found");
                connectionId = ESP8266.read()-'0';   // 多路连接 id。
                Serial.println("connectionId: " +
String(connectionId));
```

```
        ESP8266.find("X=");
        char s = ESP8266.read();
        if(s=='F')                    // 网络数据为 "X=F" ?
        {
                action ="X=F"; // 响应消息 "X=F"。
                forward(Rspeed,Lspeed);    // 自动机器人前进。
        }
        else if(s=='B')                        // 网络数据为 "X=B" ?
        {
                action = "X=B";         // 响应消息 "X=B"。
                back(Rspeed,Lspeed);   // 自动机器人后退。
        }
        else if(s=='R')                        // 网络数据为 "X=R" ?
        {
                action = "X=R";         // 响应消息 "X=R"。
                right(Rspeed,Lspeed); // 自动机器人右转。
        }
        else if(s=='L')                        // 网络数据为 "X=L" ?
        {
                action = "X=L";         // 响应消息 "X=L"。
                left(Rspeed,Lspeed);   // 自动机器人左转。
        }
        else if(s=='S')                        // 网络数据为 "X=S" ?
        {
                action ="X=S";         // 响应消息 "X=S"。
                pause(Rspeed,Lspeed); // 自动机器人停止。
        }
        else                           // 未知的网络数据。
        {
                action ="X=?"; // 响应消息 "X=?"。
                pause(Rspeed,Lspeed); // 自动机器人停止。
        }
        Serial.println(action);
        httpResponse(connectionId,action);
                                // 返回信息至客户端 client
        }
    }
}
// 建立 Wi-Fi 连接函数
boolean connectWiFi(int timeout)
{
    do
    {
```

```
                ESP8266.println("AT+CWMODE=1");  //选择 station 模式。
                delay(1000);                      // 延迟 1 秒。
                String cmd="AT+CWJAP=\" ";
                cmd+=SSID;                         // 您的无线网络名称。
                cmd+="\",\"";
                cmd+=PASSWORD;                     // 您的无线网络密码。
                cmd+="\"";
                ESP8266.println(cmd);             // 加入 AP。
                Serial.println("wait OK...");//等待中。
                delay(2000);                      // 延迟 2 秒。
                if(ESP8266.find("OK"))
                {
                Serial.println("Join AP Success");
                sendESP8266Cmd("AT+CIFSR",3000);//获取私有 IP 地址。
                sendESP8266Cmd("AT+CIPMUX=1",1000);//启动多路连接模式。
                sendESP8266Cmd("AT+CIPSERVER=1,80",1000); // 启动
SERVER。
                Serial.println("Server setup finish");
                return true;                       // 建立 Wi-Fi 连接成功。
                }
     }while((timeout--)>0);
   return false;                                 // 建立 Wi-Fi 连接失败。
}
//响应客户端函数
void httpResponse(int id, String content)
{
    String response;                             //给服务器的响应信息。
    response = "HTTP/1.1 200 OK\r\n";             // 请求成功返回信息。
    response += "Content-Type: text/html\r\n";//网页样式是 text/html。
    response += "Connection: close\r\n";// 关闭连接。
    response += "Refresh: 8\r\n";                // 自动更新网页。
    response += "\r\n";
    response += content;
    String cmd = "AT+CIPSEND=";                  // 利用 ESP8266 发送信息。
    cmd += id;
    cmd += ",";
    cmd += response.length();                    // 信息长度。
    sendESP8266Cmd(cmd,200);                     // 利用 ESP8266 发送命令。
    sendESP8266Data(response,200);               // 利用 ESP8266 发送数据。
    cmd = "AT+CIPCLOSE=";                        // 关闭 TCP/IP 连接。
    cmd += connectionId;
    sendESP8266Cmd(cmd,200);
}
```

```
//ESP8266 发送命令函数
void sendESP8266Cmd(String cmd, int waitTime)
{
    ESP8266.println(cmd);
    delay(waitTime);
    while (ESP8266.available() > 0)          //ESP8266 返回信息?
    {
            char a = ESP8266.read();         // 读取 ESP8266 返回信息。
            Serial.write(a);                 // 读取 ESP8266 返回信息。
    }
    Serial.println();
}
// ESP8266 发送数据函数
void sendESP8266Data(String data, int waitTime)
{
    ESP8266.print(data);
    delay(waitTime);
    while (ESP8266.available() > 0)       //ESP8266 返回信息?
    {
            char a = ESP8266.read();// 读取 ESP8266 返回信息。
            Serial.write(a);
    }
    Serial.println();
}
// 前进函数
void forward(byte RmotorSpeed, byte LmotorSpeed)
{
    analogWrite(pwmR,RmotorSpeed);
    analogWrite(pwmL,LmotorSpeed);
    digitalWrite(posR,HIGH);
    digitalWrite(negR,LOW);
    digitalWrite(posL,LOW);
    digitalWrite(negL,HIGH);
}
// 后退函数
void back(byte RmotorSpeed, byte LmotorSpeed)
{
    analogWrite(pwmR,RmotorSpeed);
    analogWrite(pwmL,LmotorSpeed);
    digitalWrite(posR,LOW);
    digitalWrite(negR,HIGH);
    digitalWrite(posL,HIGH);
    digitalWrite(negL,LOW);
```

```
}
// 右转函数
void right(byte RmotorSpeed, byte LmotorSpeed)
{
    analogWrite(pwmR,RmotorSpeed);
    analogWrite(pwmL,LmotorSpeed);
    digitalWrite(posR,LOW);
    digitalWrite(negR,LOW);
    digitalWrite(posL,LOW);
    digitalWrite(negL,HIGH);
}
// 左转函数
void left(byte RmotorSpeed, byte LmotorSpeed)
{
    analogWrite(pwmR,RmotorSpeed);
    analogWrite(pwmL,LmotorSpeed);
    digitalWrite(posR,HIGH);
    digitalWrite(negR,LOW);
    digitalWrite(posL,LOW);
    digitalWrite(negL,LOW);
}
// 停止函数
void pause(byte RmotorSpeed, byte LmotorSpeed)
{
    analogWrite(pwmR,RmotorSpeed);
    analogWrite(pwmL,LmotorSpeed);
    digitalWrite(posR,LOW);
    digitalWrite(negR,LOW);
    digitalWrite(posL,LOW);
    digitalWrite(negL,LOW);
}
```

 练习

1. 设计 Arduino 程序，使用手机 Wi-Fi 控制含车灯的 ESP8266 Wi-Fi 遥控自动机器人，4 个车灯 Fled、Bled、Rled 和 Lled 分别连接到 Arduino 控制板的数字引脚 7、8、18、19。当自动机器人前进时，Fled 亮；当自动机器人后退时，Bled 亮；当自动机器人右转时，Rled 亮；当自动机器人左转时，Lled 亮。

2. 设计 Arduino 程序，使用手机 Wi-Fi 控制含车灯的 ESP8266 Wi-Fi 遥控自动机器人，两个车灯 Rled 和 Lled 分别连接到 Arduino 控制板的数字引脚 7 和 8。当自动机器人前进时，Rled 和 Lled 同时亮；当自动机器人右转时，Rled 亮；当自动机器人左转时，Lled 亮；当自动机器人后退时，Rled 和 Lled 均不亮。